食用菌轻简化栽培技术

本书由湖南省科技厅科普专题项目资助

主　编：黄晓辉　徐　宁　冯立国　陆　欢

编写人员（以姓氏笔画排序）：

王小艳（湖南省食用菌研究所）

冯立国（湖南省食用菌研究所）

陆　欢（上海市农业科学院）

陈湘莲（湖南医药学院）

姜性坚（湖南省食用菌研究所）

徐　宁（湖南省食用菌研究所）

黄晓辉（湖南省食用菌研究所）

彭运祥（湖南省食用菌研究所）

喻初权（湖南省食用菌研究所）

魏艳玲（湖南省食用菌研究所）

湖南科学技术出版社

图书在版编目（CIP）数据

食用菌轻简化栽培技术 / 黄晓辉等主编. — 长沙 : 湖南科学技术出版社, 2021.1（2023.7重印）
ISBN 978-7-5710-0827-7

Ⅰ. ①食… Ⅱ. ①黄… Ⅲ. ①食用菌－蔬菜园艺Ⅳ. ①S646

中国版本图书馆 CIP 数据核字(2020)第 218524 号

SHIYONGJUN QINGJIANHUA ZAIPEI JISHU
食用菌轻简化栽培技术
主　　编：黄晓辉　徐　宁　冯立国　陆　欢
责任编辑：欧阳建文
出版发行：湖南科学技术出版社
社　　址：长沙市湘雅路 276 号
　　　　　http://www.hnstp.com
印　　刷：山东百润本色印刷有限公司
　　　　　（印装质量问题请直接与本厂联系）
厂　　址：山东省聊城市高唐县光明路东首路北
邮　　编：252800
版　　次：2021 年 1 月第 1 版
印　　次：2023 年 7 月第 2 次印刷
开　　本：850mm×1168mm　1/32
印　　张：4.625
字　　数：120 千字
书　　号：ISBN 978-7-5710-0827-7
定　　价：19.00 元

前　言

食用菌农村轻简化栽培是湖南省食用菌研究所“十二五”期间的重点攻关项目，取得了很好的成效。近几年，食用菌农村轻简化栽培蓬勃发展，进入了一个新的阶段。湘潭的黑皮鸡枞、衡阳的草菇、怀化和常德的羊肚菌、益阳和长沙县周边的大球盖菇、株洲的竹荪产量稳步上升，经济效益显著，发展态势良好。

农村轻简化栽培食用菌是指在充分利用农村自然条件和物质基础的前提下，适当购买食用菌专用设备，达到标准化生产食用菌的栽培模式。在很长一段时间内，农村轻简化栽培将是食用菌生产的一种重要栽培模式。相对于工厂化的生产模式，轻简化栽培不需要大量的设施、设备投入，随着社会分工的专业化程度提高，食用菌生产更加趋向于菌种菌包集中供应、农户分散出菇的模式。

本书第一章至第九章系统介绍了食用菌生产的基础知识，包括轻简化栽培的模式、常用的原料和配比、常见的物资和设备、怎样选择合适的栽培场地、人工育种、各级菌种的制作和培养、食用菌常见病虫害及安全防治、食用菌保鲜及初加工等。对于有意向从事食用菌生产的读者而言，系统地学习后能够对食用菌生产有一个大致的了解，为后续生产模式及品种的选择打下基础，避免走弯路。为了使读者更好地理解和掌握，对一些关键的操作技术录制了视频，可以通过微信扫描书中的二维码观看，达到良好的学习效果。第十章至第十五章重点介绍了最近几年发展较好并且非常适合农村轻简化栽培的六个品种，分别是草菇、姬松茸、大球盖菇、黑皮鸡枞、竹荪、羊肚菌，便于读者根据当地的实际情况选择。本书第一章由黄晓辉、陈湘莲编写，第二章、第三章、第四章、第五章、第七章、第八章、第九章由黄晓辉编写，第六章由陈湘莲编写，第十章、第十一章、第十二章、第十三章由徐宁编写，第十四章由冯立国编写，第十五章由王小艳编写。部分图片由刘祝祥提供，视频录制、制作时陆欢付出大量辛苦劳动，魏艳玲参与部分工作。喻初权、姜性坚对书稿进行审阅，易雪倩参与整理。本书的编写还得到许多良师益友的帮助，未逐一列出，在此表示深深的谢意。

由于编写人员水平有限，加之时间紧，书中可能存在不足之处，希望读者指正。

编　者

2020 年 10 月

目　　录

第一章　食用菌简介 …………………………………… 1
　第一节　食用菌的发育及形态结构 ……………………… 1
　第二节　食用菌的营养价值 ……………………………… 9
　第三节　食用菌的药用价值 ……………………………… 10
　第四节　食用菌的栽培前景 ……………………………… 11
第二章　农村轻简化栽培模式 …………………………… 12
第三章　栽培原料的选择与配比 ………………………… 15
第四章　常用物资及设施设备 …………………………… 18
　第一节　常用药品和试剂 ………………………………… 18
　第二节　常用杀虫剂 ……………………………………… 20
　第三节　常用病害防治药物 ……………………………… 21
　第四节　生产设备及设施 ………………………………… 22
第五章　栽培场地的选择 ………………………………… 26
第六章　食用菌的人工育种 ……………………………… 31
　第一节　选择育种 ………………………………………… 31
　第二节　诱变育种 ………………………………………… 33
　第三节　杂交育种 ………………………………………… 35
　第四节　原生质体融合技术 ……………………………… 37
　第五节　基因工程育种 …………………………………… 39
第七章　菌种制作及培养 ………………………………… 42
　第一节　母种培养基的制作 ……………………………… 42

第二节　原种培养基的制作 …… 43
第三节　栽培种培养基的制作 …… 46
第四节　接种 …… 47
第五节　培养 …… 49
第八章　食用菌常见病虫害及安全防治 …… 51
第一节　食用菌病害 …… 51
第二节　病害类型 …… 51
第三节　食用菌主要虫害类型 …… 58
第九章　食用菌保鲜及初加工 …… 60
第一节　采收与分级 …… 60
第二节　食用菌保鲜方法 …… 62
第三节　食用菌的初加工方法 …… 63
第十章　草菇轻简化栽培 …… 65
第一节　概况 …… 65
第二节　发展历程 …… 67
第三节　栽培技术 …… 67
第十一章　大球盖菇轻简化栽培 …… 78
第一节　概况 …… 78
第二节　发展历程 …… 80
第三节　栽培技术 …… 80
第十二章　姬松茸轻简化栽培 …… 88
第一节　概况 …… 88
第二节　发展历程 …… 89
第三节　栽培技术 …… 89
第十三章　竹荪轻简化栽培 …… 99
第一节　概况 …… 99
第二节　发展历程 …… 101

第三节　栽培技术 …………………………………… 101
第十四章　黑皮鸡枞轻简化栽培 ………………………… 111
第一节　概述 …………………………………………… 111
第二节　发展历程 ……………………………………… 113
第三节　栽培技术 ……………………………………… 113
第十五章　羊肚菌轻简化栽培技术 ……………………… 120
第一节　概况 …………………………………………… 120
第二节　发展历程 ……………………………………… 122
第三节　羊肚菌的栽培技术 …………………………… 125
参考文献 ……………………………………………… 139

第一章 食用菌简介

食用菌俗称蘑菇，是高等真菌中能形成大型子实体或菌核类组织，并能供人们食用或药用的菌类总称。食用菌在分类上属于菌物界真菌门，绝大多数属于担子菌亚门（如平菇、香菇），少数属于子囊菌亚门（如羊肚菌、虫草）。中国食用菌资源十分丰富，据统计中国已知的食用菌种类近 1000 种，广泛食用的有 200 种左右，100 多种可以人工培养或栽培。其中，已达到一定商业化生产规模的有香菇、木耳、金针菇、杏鲍菇、双孢蘑菇、羊肚菌、黑皮鸡枞、平菇、秀珍菇、草菇、银耳、白灵菇、鸡腿蘑、灰树花、猴头菇、竹荪、姬松茸、灵芝、茯苓等 60 余种。

第一节 食用菌的发育及形态结构

食用菌属于大型真菌，我们通常食用的部分是它的子实体。在真菌的发育过程中，通常是孢子在适宜条件下发育形成管状的丝状体，这种丝状体又称菌丝；菌丝进一步生长、蔓延伸展、反复分枝，形成菌丝群，通称菌丝体；菌丝体发育到一定阶段，缓慢形成组织未分化的子实体原基，简

微信扫一扫，观看食用菌的发育过程视频

称原基；原基在适宜条件下，生长发育成外观或内部已有组织分化（如菌柄、菌盖、菌褶等）的子实体初级阶段，称为菇蕾；菇蕾进一步发育，形成不同大小、形态、结构的子实体。子实体是食用菌的繁殖器官，由已分化的菌丝体组成，能产生孢子，也是供人们食用的部分，相当于绿色植物的果实。食用菌子实体的大小和质地因品种不同而异，大小一般为几厘米至几十厘米，常呈现下图中的各种形态。

图 1－1　伞状的鹿茸菇

图 1－2　扇状的秀珍菇

图 1－3　块状的茯苓

图 1－4　漏斗状的猪肚菇

图 1－5　贝状的云芝

图 1－6　头状的猴头菇

图 1－7　珊瑚状的珊瑚菌

图 1－8　耳状的毛木耳

一、食用菌的基本结构

大部分食用菌由菌盖、菌褶、菌柄、菌环、菌托组成，但是在生长发育的过程中，部分食用菌的菌环、菌托看不到（如杏鲍菇、黑皮鸡枞），部分菌环、菌托很发达（如竹荪）。

（一）菌盖

菌盖由表皮、菌肉及菌褶组成，在表皮层的菌丝里含有不同的色素，因而使菌盖呈现出不同的颜色，且颜色随着子实体的生长发育、环境干湿度以及光照情况的变化而变化。菌盖的大小和形状各不相同，有半球形、球形、钟形、斗笠形、漏斗形、卵圆形、喇叭形、扇形等。一般情况下，我们将菌盖直径小于6厘米的划为小型，6～10厘米的划为中型，超过10厘米的划为大型。菌盖的质地有肉质、膜质、胶质、蜡质和革质之分，有软、硬和脆等区别。菌盖的中部有平展、凸起、尖突、脐状或下凹等。菌盖边缘有全缘或开裂，具条纹或粗条棱。边缘有内卷曲、上翘、反卷、波状、花瓣状等。

菌盖表面有光滑、具皱纹、具条纹、龟裂等之分；有干燥、湿润、呈水浸状、黏、黏滑、胶黏等之分，还有的表面粗糙具纤毛、丛毛状或呈粉末状鳞片。此外，鬼笔目的部分种类在发育过程中会留下残存的菌幕。

图1-9　半球形

图1-10　球形

图1-11　斗笠形

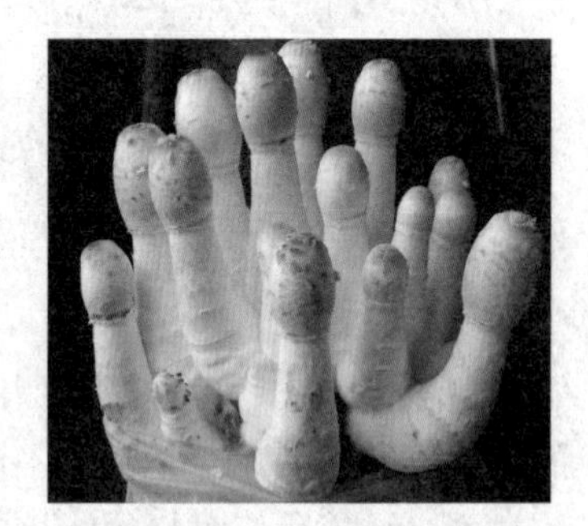

图1-12　卵圆形

图 1-13　扇形

图 1-14　马蹄形

图 1-15　漏斗形

图 1-16　钟形

图 1-17　菌盖中部

图 1－18　菌盖边缘

（二）菌褶和菌管

伞菌菌褶或菌管生长在菌盖下面，上连菌肉，这部分称作子实层。子实层是着生有性孢子的栅栏组织，由平行排列的子囊或担子及不孕细胞如囊状体、侧丝组成，是真菌产生子囊孢子或担孢子的部位。子实层的颜色除本身以外，往往还会随着子实层的变化而表现出来各种孢子的颜色。菌褶或菌管与菌柄的着生位置是属划分的重要依据之一。一般有以下几种着生位置：①菌褶的一端或菌管着生在菌柄上的叫直生；②部分着生于菌柄，而另一部分稍向上弯曲的叫弯生（或凹生）；③不着生在菌柄上，且有一段距离的叫离生；④沿着菌柄向下生长的叫延生。以上着生情况有时随着子实体的生长而有程度上的差异。

菌褶和菌管的排列情况也是多种多样的。菌褶之间没有短菌褶的叫等长，而具短菌褶的叫不等长。有些菌褶之间有窄小的横脉相连，有的菌褶相互交织成网状，如鸡油菌。菌褶边缘有的平滑，呈波状、锯齿状或粗糙，呈颗粒状等。菌管之间有的易分离，有的不易分离。管口的颜色往往和菌管里面不一致。管口直径大的有几毫米，小的不足一毫米，呈圆形、多角形或辐射状排列等，管口有单孔和复孔之分。

图 1－19　菌褶和菌管排列情况

菌褶两侧和菌管里面布满子实层。子囊菌子实层由子囊和侧丝组成，1 个子囊产生 8 个子囊孢子（如羊肚菌）或 4 个子囊孢子（如块菌）；担子菌子实层由无数栅栏排列的担子和囊状体组成，一般1个担子产生4个担孢子。孢子的形状、颜色、大小和表面特征等是分类的重要依据。

（三）菌柄

菌柄的有无、长短及形状各异，长度1～50厘米，粗细0.1～10厘米。与菌盖着生关系分中生、偏生或侧生。菌柄弯曲或扭转，呈圆柱形、棒形、纺锤形等。菌柄有分枝，部分菌柄存在基部膨大并联合延伸成假根。菌柄呈纤维质、肉质或脆骨质，表面光滑或具鳞片，部分表面存在条纹。菌柄内部松软、空心或实心（中实、内实），有的食用菌随子实体的成长会由实心变为空心。

图1-20　菌柄着生情况

（四）菌环

菌环是内菌幕的残留。子实体幼小时，菌褶表面有一层膜质组织，叫内菌幕，在子实体生长的过程中，内菌幕与菌盖脱离，遗留在菌柄上形成菌环。菌环的大小、厚薄、质地等存在差异，有单层或双层，生长在菌柄的上部、中部或下部。少数种类的菌环与菌柄随着生长而脱离，有的菌环早期存在，后期消失，有的菌环易破碎且悬挂在菌盖边缘，有的菌环不呈膜质而呈蛛网状。

（五）菌托

子实体在发育早期外面有一层膜包被，这层膜叫作总苞或外菌幕。因种类不同，厚薄存在差异，在子实体发育的过程中，薄的膜容易消失，不留下明显痕迹；厚的膜常全部或部分遗留在菌柄的基部，形成一个袋状或杯状物，这就是菌托。菌托是菌柄与菌丝体及生长基质连接的地方，附带子实体外保护层的残留物。菌托的形状有苞状、鞘状、鳞茎状、杯状等，是食用菌在形态上的主要特征。它的边缘整齐或不整齐，有的不成苞状或杯状而成几圈残片，环绕在菌柄的基部。外菌幕的残片常贴附在菌盖的表面，形成大小不同的各式各样的鳞片、碎片或颗粒，这也是食用菌分类特征之一。

第二节　食用菌的营养价值

食用菌含有蛋白质、脂肪、多糖、维生素和矿质元素等多种营养成分，营养丰富、味道鲜美，被国内外誉为“山珍”“优质食品的顶峰”，已成为植物性和动物性食物之外的第三类食物，即菌物性食物。食用菌含有大量的碳水化合物，是其含量最高的组分，占干重的60%左右。食用菌不仅含有一般植物所含有的单糖、双糖和多糖，还含有一些其他植物中少有的成分，如氨基糖、糖醇、糖酸等。食用菌所含的纤维素为粗纤维，包括木质素、半纤维素、多缩戊糖和胶质等。食用菌干物质中蛋白质平均含量为20%～45%，如平菇中蛋白质含量为30.4%，是标准面粉的3倍以上，比牛肉高10.3%，是大白菜含量的27倍，其蛋白含量远高于植物蛋白且与动物蛋白接近。食用菌中的蛋白质氨基酸组成较为全面，由20多种氨基酸组成，8种人体必需氨基酸全部具备，并且其所含的必需氨基酸的比例与人体需求接近，极易被人体吸收利用。食用菌中维生素和矿物质十分丰富，多数食用菌都含有丰富的硫胺素、核黄素、烟酸、吡多醇、叶酸、抗坏血酸、泛酸、生物素和维生素A等。并含有多种具生理活性的矿质元素，如人体所必需的磷、钾、钙、铁、锌、锰等。每100克银耳干品中含钙357毫克，含铁185毫克，每100克双孢蘑菇干品中，含钾640毫克，而只含有10毫克钠，这种高钾、低钠的食品对高血压患者十分有益。

第三节　食用菌的药用价值

我国古代医书中有不少关于食用菌药用价值的记载，目前食用菌的药用价值是研究的热点问题，受到国内外药学界的广泛关注。食用菌中含有多种生物活性物质如多糖、RNA复合体、天然有机锗、核酸降解物、cAMP和萜类化合物等，对维护人体健康有重要的价值。目前食用菌药用价值的研究主要集中在以下方面：①抗癌。食用菌的多糖体，能刺激抗体形成，调整并提高机体内部防御能力，能降低某些物质诱发肿瘤的发生率，并对多种化疗药物有增效作用。②抗菌、抗病毒。③调节心血管疾病，如降血压、降血脂、抗血栓、抗心律失常、强心等。④健胃、助消化。⑤止咳平喘、祛痰。⑥利胆、保肝、解毒。⑦降血糖。⑧通便利尿。⑨免疫调节。

每种食用菌通常都具有多种药用功能，如银耳能提神生津、补脑强心、润肺养胃、滋阴补肾；黑木耳能润肺清肺、膳食纤维、轻身强志、通便治痔；香菇能滋补强身，还可预防肝硬化和坏血病；双孢蘑菇则可降低血压、抵抗病毒；猴头菌对消化不良、消化道溃疡和慢性胃炎有很好的辅助治疗作用；密环菌对风湿、腰膝疼痛以及头晕肢麻等症有缓解作用；茯苓能够利尿养身、健脾安神。大多数食用菌含有不同成分的多糖体，具有明显的抗癌效果。食用菌作为日常生活中理想的营养和保健食品，日益受到大家的重视。国内外已经出现不少食用菌相关新产品，除制成各种保健茶、保健饮料外，还可制成多种煎剂、片剂、糖浆、胶囊或研末服用，有的还制成针剂、口服液等。因此把食用菌的食用与药用相结合起来，从食用菌中寻找新的抗肿瘤药物或其他药物，对食用菌的进一步开发具有重要意义。

第四节　食用菌的栽培前景

食用菌在生长过程中，通过分解和利用植物纤维素和木质素，生产富含优质蛋白的子实体供人类食用。食用菌既可在自然条件下人工栽培，也可在人工控制下进行工厂化周年生产。食用菌生产具有原料充足、技术简单、生产周期短、生物效率高、投资小而经济效益显著等特点。生产食用菌既不与粮争地，也不与动物争食，它利用秸秆等农业废弃物，通过生物的转化作用，把大量的粗纤维变成供人类食用的优质蛋白。

随着科学技术的发展，人工培植食用菌和药用菌的种类和规模也不断增长。近年来，食用菌工厂化进程加快，食用菌品种日渐丰富，产量也逐年上升，菌类产品的销售也快速增长。目前产业化基地规模日益壮大，龙头企业发展迅速，专业合作社组织化程度提高。同时随着科技创新实力的增强，生产技术和装备水平的不断提高，食用菌的多元化流通方式、循环利用也取得了可观的成果，食用菌产品的深加工水平也得以提升。在国家“十三五”规划等一系列政策的扶持指引下，食用菌产业助力很多贫困地区实现了脱贫摘帽，食用菌行业已进入发展新阶段，食用菌产业也迎来了前所未有的良好机遇。

第二章　农村轻简化栽培模式

食用菌农村轻简化栽培：指在充分利用农村自然条件和物质基础的条件下，适当购买食用菌专用设备，达到标准化生产食用菌的栽培模式。

（1）地栽模式：传统意义上地栽模式是指食用菌菌棒或培养料直接放于地面或覆土的出菇模式，一般不添置大棚，较少添置配套设施。随着产业升级，简易棚地栽、小拱棚地栽、林下仿野生栽培、套种等都是升级了的地栽模式。

图 2－1　大球盖菇地栽

图 2－2　木耳地栽

（2）床栽模式：指搭建菇床，将菌棒排于菇房覆土栽培或将培养料直接覆在菇床上的一种出菇模式。一般需要搭建棚子或者利用闲置的房屋作为出菇房，采取多层的方式，空间利用率更高，出菇管理难度也相对更大。

图 2－3　黑皮鸡枞床栽

图 2－4　草菇层架床栽

（3）棚栽模式：指建有专门的大棚用于食用菌出菇房的栽培模式。大棚可以是塑料小拱棚、简易遮阳棚、蔬菜大棚改建以及专门的食用菌大棚等。

图 2－5　春生田头菇棚栽

图 2－6　猪肚菇棚栽

图 2－7　塑料小拱棚

图 2－8　简易遮阳网

（4）林下仿野生模式：林下仿野生栽培是近几年发展起来的一种新的栽培模式，是将食用菌菌棒或菌种菌料与茶树、松树套种在一起出菇的生产模式。黑皮鸡枞、竹荪等品种都适合林下仿野生栽培。

图 2－9　林下栽培黑皮鸡枞

图 2－10　林下栽培竹荪

（5）套种模式：指将食用菌菌棒埋于其他作物的土畦下，与作物形成一上一下的关系，从而有效利用作物的遮阳作用，提高农业效率的一种新的出菇模式。利用套种模式主要考虑作物与食用菌品种季节性匹配程度以及作物的遮阳效果。现在采取较多的有玉米地套种大球盖菇、灵芝、竹荪，油菜地套种羊肚菌、大球盖菇。一些需要搭棚架的水果、药材、蔬菜地非常适合套种各类食用菌，如百香果园、罗汉果园、葡萄园等。

（6）庭院模式：指利用农村屋前房后的空置地，经过适当整理作为食用菌出菇场所，进行食用菌出菇管理的模式。庭院模式要求农村及城郊有集中制包的食用菌厂家提供食用菌菌棒，家庭中有食用菌种植的闲置劳动力及闲置用房，通过小投入的改造，即可种植食用菌。

第三章 栽培原料的选择与配比

可用作食用菌栽培的原料很多，按照栽培中原料使用的多少，可以分为主料、辅料和添加剂。主料的来源非常广泛，有木屑（松、杉、柏、樟除外）、枝条、各类秸秆（稻草、麦秆、玉米秸秆、花生秸秆）、各种外壳（花生壳、棉籽壳、莲子壳）、芦苇、野草、甘蔗渣、剑麻渣、中药渣等。辅料主要有麦麸、米糠、玉米粉、豆粕、菜籽饼、棉粕、动物粪便、糖类等。添加剂主要有维生素、蛋白胨、轻质碳酸钙、石灰、石膏、磷酸氢二钾、硫酸镁等。

栽培不同的食用菌，应依据当地的资源条件选择合适的原料配方，进行科学的配比。食用菌原料配方最关键的参数就是碳氮比（碳氮比，是指有机物中碳的总含量与氮的总含量的比值，一般用“C/N”表示）。在营养生长阶段，即菌丝体培养期间，碳氮比值一般以 20∶1 最佳，不同品种有一定的差异，碳氮比值过大，会抑制原基分化。

当微生物分解有机物时，同化 5 份碳时约需要同化 1 份氮来构成它自身细胞体，因为微生物自身的碳氮比大约是 5∶1。而在同化（吸收利用）1 份碳时需要消耗 4 份有机碳来取得能量，所以微生物吸收利用 1 份氮时需要消耗利用 25 份有机碳。也就是说，微生物对有机质的正当分解的碳氮比为 25∶1。如果碳氮比过大，微生物的分解作用就慢，而且要消耗土壤中的有效态氮素。所以在施用碳氮比大的有机肥（如稻草等）或用碳氮比大的材料作堆沤肥时，都应该补充含氮多的肥料以调节碳氮比。

以草菇堆料为例，配制碳氮比为22∶1的培养料1000千克（其中稻草900千克、干牛粪100千克），需补充氮量即补充尿素或硫酸铵多少千克?

速算公式：

需补充氮量=（主材料总碳量÷碳氮比－主材料总氮量）÷补充物质含氮量

已知稻草含碳量45.58%，含氮量0.63%；干牛粪含碳量39.75%，含氮量1.27%；尿素含氮量46%，硫酸铵含氮量21%。

速算方法：

设需补充尿素X千克，用速算公式得：

$$X=\{[(900\times45.58\%+100\times39.75\%)\div22]-(900\times0.63\%+100\times12.7\%\}\div46\%$$

$X=4.52$（千克）

设需补充硫酸铵X千克，用速算公式得：

$$X=\{[(900\times45.58\%+100\times39.75\%\div22]-(900\times0.63\%+100\times1.27\%\}\div21\%$$

$X=9.92$（千克）

经计算，需补充尿素4.52千克或补充硫酸铵9.92千克。

表3-1　　常见食用菌培养料碳氮比一览表

项目	碳%	氮%	碳氮比	项目	碳%	氮%	碳氮比
稻草	45.58	0.63	58.7	大麦秸秆	47.09	0.64	73.58
小麦秸秆	47.03	0.48	98	蔗渣	—	0.43	—
棉籽壳	50	1.50	34	玉米壳	46.69	0.48	97.2
谷壳	41.64	0.64	65.06	杂木屑	49.18	0.10	491.8
栎木屑	50.4	1.1	45.8	野草	46.7	1.55	30.1
棉仁饼	—	5.32	—	大豆饼	—	7.00	—

续表

项目	碳%	氮%	碳氮比	项目	碳%	氮%	碳氮比
菜籽饼	46.5	4.60	9.8	木屑	75.8	0.39	194
甘蔗渣	53.1	0.63	84.2	麦麸	69.9	11.4	6.1
米糠	49.7	11.8	4.2	干牛粪	39.75	1.27	31.3
麦秆	46.5	0.48	96.9	玉米粒	46.7	0.48	96.7
玉米芯	49.45	0.47	105.2	豆秆	44.27	0.59	75.03
玉米秸秆	49.21	0.46	107	花生饼	49.04	6.32	7.76
棉花秆	55.65	0.5	111.3	花生秧	45.52	0.84	50.62
啤酒渣	47.7	6	8	豆饼	45.4	6.71	6.76
花生壳	44.22	1.47	30.08	红薯藤	48.39	0.54	89.61
沼气肥	22	0.7	31.43	马粪	12.2	0.58	21.1
水牛粪	39.78	1.27	31.32	黄牛粪	38.6	1.78	21.7
马粪	11.60	0.55	21.09	奶牛粪	31.8	1.33	24
鸡粪	4.1	1.3	3.15	猪粪	25	0.56	44.64
兔粪	13.71	2.1	6.52	羊粪	16.24	0.65	24.98

注：由于原料的差异性很大，表中数据仅供参考。

第四章　常用物资及设施设备

随着我国食用菌产业的发展，各地发展程度不一，发展模式不同，从制种到出菇可供选择的物资和设备多种多样。

第一节　常用药品和试剂

一、常用消毒剂

食用菌生产中，多个环节涉及消毒，做好消毒工作，可以让食用菌生产事半功倍，下面重点从以下几个环节总结常用的消毒剂和使用方法。

（一）表面消毒

表面消毒分为皮肤表面消毒和器皿表面消毒。

1. 皮肤表面消毒

（1）乙醇：皮肤表面消毒最常用的是乙醇，可以直接购买75%的乙醇或者95%的乙醇，每100毫升95%乙醇中添加25毫升纯净水即可。乙醇的特点是性质稳定、起效快、易挥发、毒性低，但消毒酒精浓度高，易燃，在操作中切忌注意防火，且不可与含氯成分的消毒剂同时使用。

（2）新洁尔灭：即苯扎溴铵，是最常用的表面活性剂之一，常用浓度为0.1%～0.3%水溶液。主要优点是无挥发性，贮存稳定，耐光、耐热，杀菌迅速，对皮肤无刺激性。使用时需注意不可与含氯的消毒剂、肥皂、盐类或其他合成洗涤剂同时使用，勿与铝及其他金属制品接触，以防腐蚀生锈，应随配随用。

2. 器皿表面消毒

最常用的仍然是75%的乙醇，除此以外，还有以下几种：

（1）煤酚皂液（来苏尔）：主要成分为甲基苯酚，常用3%～5%溶液用于器皿表面消毒。

（2）漂白粉：漂白粉含氯25%～30%，具刺激性气味，常用2%～5%溶液作为表面消毒剂。

（3）氯己定：作为商品出售的一般为5%氯己定溶液，而器皿消毒需要浓度为0.5%～1%。

（4）高锰酸钾：常用体积浓度0.1%～0.2%作消毒用。

（二）空间消毒

空间消毒的方法很多，常用以下几种：

（1）紫外线灯照射：紫外线灯照射距离不宜超过1.2米。为增加其消毒效果，打开灯之前可先在室内喷洒5%苯酚溶液或其他消毒剂，然后开灯照射30分钟，操作人员不宜在紫外线下工作，也不宜直视紫外线。

（2）硫黄：为浅黄色固体，燃烧时产生二氧化硫，二氧化硫遇水蒸气生成亚硫酸，亚硫酸附着于菌体细胞，夺取细胞中的氧使菌体细胞缺氧而死。空间消毒一般每立方米用硫黄20克，放入盘内点燃，为增加燃烧效果，可在盘内加入部分木屑或酒精，密闭24小时即可达到灭菌效果。为增强效果，应向空间喷水，增加空气湿度。应常与其他消毒药品交替使用，以防杂菌产生抗药性。

（3）苯酚：也叫酚或石碳酸，白色晶体，常用浓度5%用于接种室或接种箱喷雾消毒。由于苯酚对皮肤有腐蚀作用，应密闭于暗处保存。

（4）气雾消毒剂：随着食用菌生产的发展，市面上出现了一些商品化的气雾消毒剂，对食用菌生产中的杂菌起到很好的防治作用，如保菇王、必洁仕、克霉灵、一熏净等。

（三）土壤消毒

有很多食用菌采取大棚栽培、地栽模式，需进行覆土栽培，此时，土壤的消毒尤为重要。常用土壤消毒剂种类有以下几种：

(1) 石灰氮：一般为黑灰色粉末，质地较轻，不溶于水，带有电石臭味。是一种独特的土壤熏蒸消毒剂，它水解产生的氢氰酸对土壤中害虫及病原微生物有非常强的杀灭作用，并且是良好的土壤改良剂、调酸剂，解决土壤酸化、土壤板结效果明显。在施用时，配合高温闷棚效果更佳。具体操作在生产中详细介绍。

(2) 二硫代氨基甲酸酯类（威百亩）：威百亩可以有效地防治土传真菌、细菌病害，对线虫和土壤害虫具有较高的防效。

其次常见的还有氯化苦、甲醛、辣根素等，太阳曝晒也是很好的土壤消毒方法。

第二节　常用杀虫剂

因食用菌本身对药物非常敏感，为保证食品安全，推行安全高效、绿色防治，本书推荐的杀虫剂均为绿色防控重点推荐产品。此外，做好菇房的前期消毒和菇房周边的清洁，保持菇房合理的温湿度，是减少菇房病虫害发生的有力措施。

(1) 辛硫磷：辛硫磷是广谱的有机磷杀虫剂，具有强烈的触杀和胃毒作用。主要用于防治地下害虫，对枣黏虫的杀伤效果最好，亦对鳞翅目有特效，对龟蜡蚧、果蝇及仓库害虫防效亦佳。常用50％浓度的辛硫磷稀释1000～1500倍。

(2) 敌百虫：为广谱性杀虫、杀螨剂。具有触杀、胃毒作用，对害虫击倒力强而快，持效期短，可防治粉虱、蚊蝇、跳虫、绿盲蝽、蚜虫、蚧虫、石榴夜蛾等害虫。

（3）联苯肼酯：是一种新型选择性喷雾用杀螨剂，对螨的各个生活阶段均有效，具有杀卵活性和对成螨的击倒活性，且持效期长。药物持效期为14天左右，推荐使用剂量范围内对作物无害。

（4）藜芦碱杀虫剂：主要化学成分是瑟瓦定和藜芦定，属于植物源杀虫剂，对昆虫具有触杀和胃毒作用。可用于防治家蝇、粉虱、跳虫等卫生害虫，也可用于防治蓟马和蟏象等田间害虫。

（5）哒螨灵：为高效、广谱杀螨剂，触杀性强，无内吸、传导和熏蒸作用，对螨类的各个生育期（卵、幼螨、若螨和成螨）有较好的防治效果。

（6）白蚁药：吡虫啉对白蚁具有触杀和胃毒作用，是一类毒性低、作用缓慢、对环境安全的新型白蚁防治药剂。

（7）六伏隆：饵剂喂食白蚁，因为六伏隆是一种昆虫生长调节剂，可以抑制昆虫的脱皮，所以工蚁取食饵剂后会因无法脱皮而导致死亡，整个族群因而被消灭，这是解决白蚁的治本方法。

信息素全降解诱虫板：属于诱控防治技术，可重点防治粉虱、蓟马等小型害虫。

第三节　常用病害防治药物

（1）生物食诱剂：购买专用的生物食诱剂诱杀害虫（蚜虫、粉虱、蓟马、跳甲等），也可以利用糖醋、肉骨头等诱杀螨虫、蚂蚁等。

（2）咪鲜胺锰盐（施保功）：用于褐腐病、白腐病，用量为0.8～1.2克/米^{2}拌土或喷淋菇床。

（3）扑海因：扑海因是广谱触杀型杀菌剂，扑海因主要对葡萄孢属、链孢霉属、核盘菌属、小菌核属等具有良好的杀灭效果，常用于防治立枯病、早疫病和灰霉病等。注意不能与碱性物质和强酸性药剂混用，喷雾应力求喷洒均匀。

（4）多菌灵：多菌灵在食用菌生产中使用较多，是一种广谱性杀菌剂，主要用于土壤的处理，多菌灵对人畜毒性低，但由于其半衰期长，现已不提倡直接喷洒。可用于食用菌栽培前期菇棚杀虫及土壤中土传病害的防治。

表 4-1　常用菌需物资一览表

操作环节	品　　名
制种	试管、玻璃原种瓶、塑料菌种瓶、接种工具（接种针、接种铲、接种钩）、酒精灯、胶塞、棉塞、铝锅、电磁炉、玻棒、烧杯、量杯
制袋	聚乙烯袋、聚丙烯袋、套环、无棉盖体、出菇圈、接种棒、保水膜、套袋、封口袋、高温橡筋、栽培瓶、高温灭菌框、镊子
栽培	遮阳网、培养架、遮阳板、排气扇、温度计、湿度计、地膜、鲜菇周转筐，削菇刀、菌棒注水枪

第四节　生产设备及设施

一、生产设备

1. 生产中常用的设备

（1）原料加工设备：主要有木屑粉碎机、秸秆粉碎机，可根据生产规模及当地原材料选择适当的设备。

（2）灭菌设备：手提式灭菌锅、高压灭菌锅、卧式高压灭菌器、蒸汽锅炉、自制常压灭菌锅等，可根据经济条件和生产规模自行选购。

（3）制种和接种设备：接种箱、超净工作台、接种室、自动化接种机、紫外灯。

（4）菌袋制作设备：拌料机、装袋机、装瓶机、扎口机、全自动菌袋生产线等。

（5）培菌出菇设备：恒温培养箱、空调、冰箱、培养架、加湿器。

（6）保鲜设备：打冷机、冷库。

2. 常用设备图

图 4－1　手提式灭菌锅

图 4－2　高压灭菌锅

图 4－3　竹木切碎机

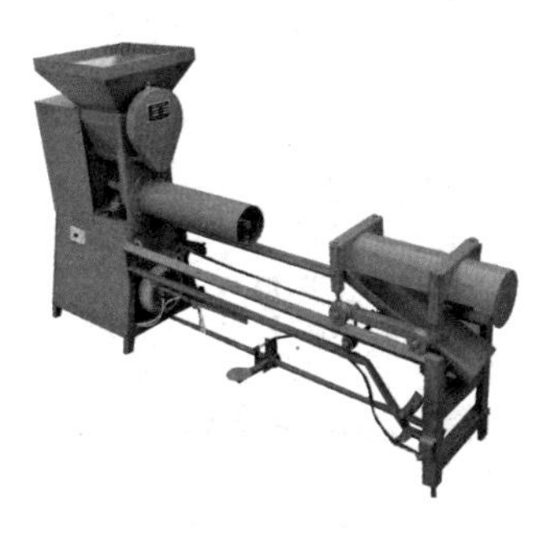

图 4－4　小型装袋机

图 4-5　小型拌料机

图 4-6　超声波加湿器

图 4-7　矩形灭菌器

图 4-8　恒温培养箱

图 4-9　冲压式装袋机

图 4-10　超净工作台

二、生产设施

食用菌生产中主要的设施有菇棚、菇房、培菌室、培菌架、冷库等，闲置住房、人防洞、地下室、各种农业设施大棚、空地、林下经改造均可用作栽培食用菌的设施。

图 4－11　部分食用菌生产设施

第五章　栽培场地的选择

一、栽培场地的选择

（一）合理选址

选择食用菌栽培场地需要注意几点：

（1）污染源控制：上游或迎风方向10000米以内无化学污染源；1000米之内无禽畜舍、垃圾场和死水池塘等危害食用菌的病虫源滋生地；100米内无集市、水泥厂、石灰厂、木材加工厂等扬尘源；距公路主干线200米以上。

（2）便利性：水、电、交通方便，场地周围有一定的富余空间，便于操作。

（3）合理性：在布局食用菌生产场地时，要做整体性规划，一定要通盘考虑，做到规模匹配、流程通畅，设备合理。

（二）环境因素的控制

（1）大环境的选择：本文中所指的大环境，指食用菌栽培所选择的区域，选择食用菌栽培大环境，我们首先要参考的就是我国现行的《无公害农产品　种植业产地环境条件》（NY/T 5010—2016）中对水、土壤以及空气的质量要求。

（2）水源水质的标准：食用菌的用水需要符合《生活饮用水卫生标准》（GB 5749—2006），不得随意加入药剂、肥料和成分不明的物质。食用菌栽培过程中用水量较多，因而要选择具备优质水源的区域。

（3）土壤质量标准：食用菌栽培中土壤环境监测分为基本指标和选测指标，基本指标有总砷、总汞、总镉、总铅、总铬 5 项，选测指标为总铜、总镍、邻苯二甲酸酯类总量 3 项。

食用菌生产中对土壤标准的要求必须严格执行，尤其是栽培中需要覆土的菌类及采用地栽模式的菌类。

生产场地一般选择地势平坦、排灌方便，附近有优质水源，大环境清洁卫生的地方。其次，为考虑节约能源，在选择出菇场地时应考虑所选择的品种的温度要求与当地气候条件的搭配，如果所选择的品种需要低温条件较多，我们在选择场地时就要选择阴凉通风处，以减少后期控温的能耗，反之亦然。

表 5－1　　　　农用地土壤污染风险筛选值

序号	污染物项目		风险筛选值			
			pH≤5.5	5.5<pH≤6.5	6.5<pH≤7.5	pH>7.5
1	镉	水田	0.3	0.4	0.6	0.8
		其他	0.3	0.3	0.3	0.6
2	汞	水田	0.5	0.5	0.6	1
		其他	1.3	1.8	2.4	3.4
3	砷	水田	30	30	25	20
		其他	40	40	30	25
4	铅	水田	80	100	140	240
		其他	70	90	120	170
5	铬	水田	250	250	200	250
		其他	150	150	200	200
6	铜	果园	150	150	200	200
		其他	50	50	100	100

续表

序号	污染物项目	风险筛选值			
		pH≤5.5	5.5＜pH≤6.5	6.5＜pH≤7.5	pH＞7.5
7	镍	60	70	100	190
8	锌	200	200	250	300
9	六六六总量	0.1			
10	滴滴涕总量	0.1			
11	苯并［a］芘	0.55			

注：数据来源于《土壤环境质量　农用地土壤污染风险管控标准》(GB 15618—2018)。①重金属和类金属砷均按照元素总量计。②对于旱水轮作地，采用其中较严格的风险筛选值。③六六六总量为 α-六六六、β-六六六、γ-六六六、δ-六六六四种异构体的含量总和。滴滴涕总量为 pp′-滴滴伊、pp′-滴滴滴、op′-滴滴涕、pp′-滴滴涕四种衍生物的含量总和。

表 5-2　农业用水区水源水质标准

序号	项目	限定值
1	总砷	0.1
2	总汞	0.001
3	总镉	0.01
4	总铬	0.1
5	总铅	0.1
6	氰化物	0.2
7	石油类	1.0
8	硫化物	1.0
9	粪大肠杆菌数（个/L）	40000
10	pH 值	6～9

注：数据来源于《生活饮用水卫生标准》(GB 5749)。

表 5-3　　环境空气质量标准

序号	污染物项目	平均时间	浓度限值	单位
1	二氧化硫（SO_2）	24 小时平均	50	微克/米^3
		1 小时平均	150	
2	二氧化氮（NO_2）	24 小时平均	80	微克/米^3
		1 小时平均	200	
3	一氧化碳（CO）	24 小时平均	4	毫克/米^3
		1 小时平均	10	
4	臭氧（O_3）	24 小时平均	100	微克/米^3
		1 小时平均	160	
5	总悬浮颗粒物（TSP）（标准状态）（毫克）	年平均	80	微克/米^3
		24 小时平均	120	
6	铅（pb）	年平均	0.5	微克/米^3
		季平均	1	
7	苯并 [a] 芘（B[a]p）	年平均	0.001	微克/米^3
		24 小时平均	0.0025	

注：数据来源于《环境空气质量标准》（GB 3095—2012）。

（三）栽培场所

食用菌的栽培场所可以新建，也可以充分利用闲置的房屋、蔬菜大棚、田土、菜园，甚至林下。具体如何利用，要根据各个环节对场所的要求具体操作。

食用菌的栽培场所主要分为三大块：操作场地、培菌场地、出菇场地。

操作场地主要包括以下功能区：器物原材料堆放区、拌料制包区、灭菌区、冷却区、接种区。

在操作场地的 5 个功能区中，对场地要求严格的是冷却区和接种区。后面我们在第七章中会讲到，冷却区和接种区在使用前都需要进行密闭消毒、灭菌，最好能保持环境的无菌状态，因而，冷却区和接种区要选择与生产能力匹配的空间，且空间要相对密闭，有利于环境条件的控制。我们可以新建或选择废弃闲置的房屋，对地面进行硬化处理，墙面做防尘处理。

培菌场地：培菌场地的要求与冷却区和接种区的要求基本一致，并且培菌场地要有一定的通风控温设施设备，以保证菌种菌棒生长环境较为稳定。培菌场地的地面可以不做硬化，但在使用前应对地面进行消毒灭菌处理。

出菇场地：出菇场地的配置最为灵活，首先要根据品种特性选择合适的出菇场地，如果是地栽或露天栽培，则选择田地、林地、菜园等，可以新建塑钢大棚，将原有的蔬菜棚改造，搭简易阴棚，甚至利用林下三阳七阴的特点，亦可与某些蔬菜套种。如果是层架栽培，则可以新建塑钢大棚，将原有的蔬菜大棚改造，或利用废弃闲置的房屋、厂房均可。

第六章　食用菌的人工育种

食用菌的菌种选育是采用一定的技术和方法获得新的食用菌菌株，选育出高产、优质、抗逆性强的菌种，以满足人们对食用菌的营养价值、口味、质地等方面的更高需求。食用菌的菌种选育包括选种和育种两方面，选种是根据某种目的从众多菌种中去劣存优、筛选优良菌种；育种是在掌握食用菌遗传知识的前提下，通过杂交、诱变、原生质体融合等手段获得新的菌种。食用菌的人工育种常用的有选择育种、诱变育种、杂交育种、原生质体融合育种以及基因工程育种 5 种方法。

第一节　选择育种

选择育种是目前获得新菌种最常用的方法之一，其实质是广泛收集品种资源，积累和利用在自然条件下发生的有益变异，这样通过去劣存优的长期选择作用，逐步形成符合人类生产需要的新菌株。选择育种要求育种人员一方面要随时留心观察，注意选择和利用现有品种中有益的变异个体；另一方面要广泛收集不同地域、不同生态型的菌株，从中反复比较、弃劣存优，选出符合需要的菌种。选择育种的流程一般为：品种资源的收集→纯种分离→菌株比较试验→扩大试验→示范推广。

一、品种资源的收集

有目的地选择自然界存在的有益变异菌株进行下一步的试验，要想取得较好的效果，需要尽可能地收集足够数量的代表性野生及栽培菌株。

二、纯种分离

发现优良变异菌株后，可采用组织分离、孢子分离、基内菌丝分离等方法获得纯种。

生产中遇到优良菌株，可以尝试自行分离或送到专业机构进行分离。下面重点介绍操作相对简单的组织分离获得纯种的方法。

组织分离方法：是生产中常用的获得纯种的方法，进行组织分离前，先要将空间及操作台灭菌，洗净双手，并用消毒酒精擦拭，晾干。将准备进行组织分离的菌菇外表用消毒酒精擦拭干净，晾干备用，将所有的操作器具用消毒酒精擦拭后，在酒精灯火焰上灼烧，放凉待用，所有的操作器具也可以通过高温高压灭菌方式灭菌后待用。靠近酒精灯，将菌菇用双手迅速从正中间分开，一分为二，选择在菌柄与菌褶的连接处，用灭菌过的镊子或手术刀切一小块组织块，迅速放入平板中，盖好平板。一次可以分离 5～7 个平板，以免操作不当或菇体本身原因导致感染杂菌。操作完毕后将平板倒置放入培养箱中培养，每隔 12 个小时观察 1 次，出现杂菌感染的迅速清除，待组织块上出现的菌丝萌发到大拇指盖大小后，挑取尖端菌丝进行转管（转入新的试管培养），经过 2～3 次转管，获得纯种。

微信扫一扫，观看组织分离视频

在进行组织分离前，要准备一定量的添加了链霉素的 PDA

平板，链霉素一般按照50微克/毫升的量添加到PDA培养基中。链霉素用无菌水稀释后，在无菌条件下用滤膜过滤器过滤后添加到灭完菌冷却到50℃左右的PDA培养基中，摇匀，趁热迅速倒平板，备用。

三、菌株比较试验

分离得到的菌株要进行小规模的出菇实验，对比菇形、颜色等外观特征、产量情况、生产周期、栽培参数等，确定获得的有效菌株。再与主要品种在相同栽培条件下，进行一定量的出菇试验，选出综合性状好的优良菌株。

四、扩大试验

对菌株比较试验中选出的优良菌株，再进行一次较大规模的栽培试验，以进一步验证品种的稳定性和优良性。

五、示范推广

经过扩大试验，对选出的优良菌株有了更好的认识，但是在大量推广前，应选取数个有代表性的试验点进行示范性生产，待结果进一步确证后，再逐步推广。

选择育种法简单易行，可以纯化菌种，防止菌种退化，稳定产量，但是选择育种法效率较低，可以与其他育种方式结合使用，提高育种效率。

第二节　诱变育种

诱变育种是利用物理或化学诱变因子诱发食用菌遗传性变异，通过对突变体的选择和鉴定培育新品种的方法。诱变育种由于引进了诱变剂处理，使菌种发生变异的频率和幅度得到了提高，从而使筛选获得优良特性变异菌株的概率得到提高。诱变育种具有速度快、方法简单等优点，是菌种选育的一个重要途径。诱变育种的程序一般为：选择菌株→制备孢子悬浮液→诱变处理→涂布培养皿→挑菌移植→斜面传代→试验、示范、推广。近年来，食用菌育种发展较快，我国利用诱发突变已选育出平菇、香菇、木耳、猴头菇、双孢蘑菇、金针菇等新优品种。

一、选择菌株

菌株的选择直接影响诱变结果，因此菌株的选择尤其重要。一般说来，对经自然选育并生产应用、性状稳定、综合性状优良而仅有个别缺点的菌株进行诱变处理效果较好。

二、制备孢子悬浮液

将选取的食用菌无菌孢子放入磷酸缓冲溶液或者生理盐水中，摇匀，浓度控制在每毫升溶液有 10^6～10^9 个孢子。进行诱变的食用菌孢子必须处于适宜状态，利用稍加萌发后的孢子作为诱变对象；孢子要充分混匀，呈单细胞的均匀悬浮液状态，使其均匀地接触诱变剂，避免出现不纯菌落。

三、诱变处理

根据食用菌品种选择适宜的诱变方法，常见的诱变方法有紫外诱变、辐射诱变、激光诱变、离子注入、太空诱变等。根据实际操作和已经成功的经验应尽可能地选择简便有效的诱变剂，也可在了解诱变剂作用机理的基础上选择复合诱变剂。诱变剂量应根据食用菌的辐射敏感性和各种性状在不同剂量下的突变频率确定，如紫外线诱变倾向于采用杀菌率70％～75％至更低的剂量，一般30%左右。由于诱变育种的诱变剂种类很多，各种诱变剂对食用菌诱变效果不同，对诱发某一特点性状的频率不同，应根据食用菌品种选择使用。紫外线无须特殊设备处理，成本低廉，诱变效果较好，是目前最常见的物理诱变因素之一。

四、诱变后的筛选

诱变处理后，将会出现各种各样的突变类型，要想得到特定表型的优良菌株，需要采用不同的筛选方法进行筛选，后续流程与选择育种相同。诱变育种可以提高突变频率，能够创造自然界原来没有的性状，且操作简单、周期短，因而，受到食用菌研究者的普遍重视。

第三节　杂交育种

杂交育种是选用具有亲和性且遗传性状不同的菌株进行交配，使遗传基因重新组合，选育出具有双亲优点的新品种的育种方法。20世纪80年代后，杂交育种技术在我国食用菌育种研究中应用广泛，我国香菇生产中许多菌种都来源于杂交育种。通过杂交育种选育出来的菌株一般都表现为菌丝生长旺盛、现原基早、菇体大、菌盖较厚、出菇整齐等特点。杂交育种的程序一般为：选择亲本→单孢分离与单核菌丝培养与选择→单核菌丝配对杂交→杂交菌株初筛、复筛→试验、示范、推广。

一、亲本选择

亲本选配是杂种后代出现目标性状组合的关键。选择亲本一般可遵循以下原则：亲本具有目的遗传性状且至少有一个产量较高；所选亲本间优缺点可以互补；亲缘关系远、生态环境差异大的菌株杂交更容易出现超越亲本的优良性状，可成为进一步选育的宝贵材料；用当地菌株与外来菌株杂交时，应选当地适应性强的菌株。

二、单孢分离与单核菌丝培养与选择

将选择好的两个亲本的单孢子分别弹射到无菌滤纸上，收集无菌孢子后制备孢子悬液稀释至300～500个/毫升，取孢子悬液涂布平板，培养，待孢子萌发长至肉眼可见的菌落时挑取至斜面培养基上继续培养，鉴定是否为单核菌丝（无锁状联合、生长速度慢）。挑取时要注意，对那些萌发较迟、生长缓慢的单菌落也应保留，其不影响杂交后形成的双核菌丝的生长速度。

三、单核菌丝配对杂交

杂交是可亲和的单核菌丝体双核化的过程。把欲杂交的同核菌丝体两两对峙培养，经过一段时间的培养，凡可亲合的两个单核菌丝间发生质配形成双核菌丝，双核菌丝在两菌落交界处旺盛生长，并迅速生长形成扇形杂交区。把这种双核菌丝挑取出来进一步纯化培养，就得到了杂种菌丝。

四、杂交菌株初筛、复筛

将所有产生锁状联合的杂交菌株进行扩大培养，制成原种、栽培种，通过瓶栽和袋栽，进一步观察杂交菌株的各种性状，包括生产性状、抗逆性等。

将初步筛选出的杂交菌株进一步进行生产试验，包括区域性试验，从而更加确定杂交菌株的各种性状，预估出杂交菌株的生产价值和推广价值，对于各项性状都理想的菌株要保留，并进行推广。通过一系列的区域性试验和综合试验，确定杂交菌株的生产价值，淘汰不良菌株，保存理想菌株，并推广应用。

杂交育种虽费工、费时，需要较好的实验设备和工作条件，成本比较高，但仍是目前最有效的育种方法之一。

第四节 原生质体融合技术

原生质体是指细胞壁完全消除后余下的那部分由细胞膜包裹的、裸露的细胞结构。原生质体融合是指通过脱壁后获得不同遗传类型的原生质体，在融合剂的诱导下使之互相融合，最终发生基因的交换与重组，从而产生出新的品种。原生质体融合育种技术是一种不通过有性生活史而达到遗传重组或有性杂交的手段。

原生质体融合技术是现代生物技术的一个组成部分，它包括原生质体的分离、再生、融合及外源基因转化等一系列技术。利用原生质体融合技术可将生物细胞或去壁的原生质体在离体条件下进行培养、繁殖和精细的人工操作，从而达到改良生物品种或创造新物种的目的。目前，平菇、香菇、金针菇、草菇等 60 多种食用菌原生质体的分离再生技术已相当成熟。

原生质体融合育种的过程为：标记菌株的筛选→原生质体的制备→原生质体的融合→融合子的检出与鉴定→融合菌株的筛选等。

一、标记菌株的筛选

供融合的两个亲本菌株，要求性能稳定并带有遗传标记，两亲本的遗传标记需不同，以利于融合子的筛选。目前食用菌原生质体融合育种常用的遗传标记有营养缺陷型标记、抗药性标记、灭活原生质体标记、自然生态标记及形态标记等。

二、原生质体的制备

收集液体培养的幼龄菌丝体，用无菌水和渗透稳定剂（0.6M 的硫酸镁）分别冲洗菌丝体，再用无菌吸水纸吸干多余的水分后备用。按菌丝体（克）∶酶液（毫升）1∶2～1∶3，将菌丝体、溶壁酶（几丁质酶和纤维素酶）放入无菌的离心管内，让酶液和菌丝体充分混匀后，在合适的温度下保温酶解。溶壁酶用 0.6M 的硫酸镁配制，保持一定的渗透压，以利于膜的稳定。酶解温度一般 28℃～35℃，酶解时间一般为 4～5 小时，其间需每 15 个小时轻轻振荡 1 次。通过过滤、离心等方法去除残余的菌丝体片段及酶液，即得到纯净的原生质体。

三、原生质体的融合与再生

将两亲本原生质体悬液等体积混合，5000 转/小时离心后弃去上清液，然后用涡旋仪使其悬浮，滴入 1 毫升 PEG（聚乙二醇，促融剂），并边加入边轻轻摇动，1 分钟内加完，30℃水浴，静置促融 10 分钟，离心除 PEG，然后稀释融合液涂布于含有渗透稳定剂的再生培养基上，进行融合子的检出。

四、融合子的检出与鉴定

将融合液涂布于营养丰富的再生平板上，使亲本菌株和重组子都能再生，再施加选择因子检出重组子。也可以根据亲本的遗传标记（如营养缺陷、抗药性）直接筛选出融合子。重组子检出后还要进一步鉴定，在生物学性状方面，重组的菌丝体一般都可以形成锁状联合；与双亲菌株对峙培养时，会产生拮抗反应；还可以对融合子菌丝体进行荧光染色，确认细胞内核的数目；对重组的子实体进行特征鉴定及对孢子进行遗传分析。还可以从氨基酸、DNA 百分含量及同工酶谱等方面对重组子进行生化指标方面的分析。

融合菌株的筛选：相关工作与以上几种育种方法一致。

第五节　基因工程育种

基因工程是在基因水平上进行遗传操作，将不同来源的基因按预先设计的蓝图，在体外构建杂种 DNA 分子，然后导入活细胞，以改变生物原有的遗传特性，获得新品种。利用基因工程技术可以更方便地对更多基因进行有目的的操纵，打破常规育种难以突破的物种之间的界限，将不同物种的基因按需重新组合，实现超远缘杂交，培育高产、优质、多抗新品种。基因工程育种是一种前景宽广、发展迅速的定向育种新技术。

基因工程育种的基本操作包括目的基因（即外源基因或供体基因）的制取，载体系统的选择，目的基因与载体重组体的构建，重组载体导入受体细胞，“工程菌”或“工程细胞株”的表达、检测以及实验室和一系列生产性试验等。

一、目的基因的制取

符合育种要求的 DNA 片段称为“目的基因”。目的基因可以通过人工方法合成，或通过化学方法直接合成特定功能的基因，或者通过逆转录酶的作用由 mRNA 合成 cDNA（互补 DNA）；也可以通过限制性核酸内切酶从适当的供体生物基因组中直接切割得到。

二、选择载体

载体需具备以下条件：①自我复制能力；②能在受体细胞内大量增殖，有较高的复制率；③只有一个限制性内切核酸酶位点，使目的基因能固定地整合到载体DNA的一定位置上；④必须有一种选择性遗传标记，以便及时把极少数“工程菌”挑选出来。

三、目的基因与载体DNA的体外重组

用人工方法让目的基因与载体相结合形成重组DNA。首先对目的基因和载体DNA采用限制性内切酶处理，获得互补黏性末端或人工合成黏性末端，然后把两者放在较低的温度（5℃～6℃）下混合“退火”，含有互补黏性末端的DNA片段会因氢键的作用而重新形成双链。在外加连接酶的作用下，供体的DNA片段与质粒DNA片段的裂口处被“缝合”，目的基因插入载体内，形成重组DNA分子。

四、DNA重组体导入受体细胞

上述体外反应生成的重组体只有将其引入受体细胞后，才能使其基因扩增和表达。受体细胞可以是微生物细胞，也可以是动物或植物细胞。把重组载体DNA分子引入受体细胞的方法很多，若以重组质粒作为载体时，可以用转化的手段；若以病毒DNA作为重组载体时，则可用感染的方法。

受体细胞的繁殖扩增：含重组DNA的活受体细胞，在适当的培养条件下，能通过自主复制进行繁殖和扩增，使得重组DNA分子在受体细胞内的拷贝数大量增加，从而使受体细胞表达出供体基因所提供的部分遗传性状，受体细胞就成了“工程菌”。

五、克隆子的筛选和鉴定

把目的基因能表达的受体细胞挑选出来，使之表达。受体细胞经转化（传染）或传导处理后，真正获得目的基因并能有效表

达的克隆子一般来说只有小部分，而绝大部分仍是原来的受体细胞，或者是不含目的基因的克隆子。为了从处理后的大量受体细胞中分离出真正的克隆子，需要对克隆子进行筛选和鉴定，进行“工程菌”或“工程细胞”的大规模培养。在大规模培养的过程中，培养条件的差异会使“工程菌”在保存和发酵过程中表现出不稳定性进而影响目的基因的表达，因此，在实际操作过程中要严格控制操作条件。

基因工程育种在食用菌育种中的应用可包括 2 个方面，一方面是利用食用菌作为新的基因工程受体菌，生产出人们所期望的外源基因编码的产品。由于食用菌亦具有很强的外泌蛋白能力，利用食用菌作为新的受体菌将更为安全，更易为消费者所接受。另一方面，利用基因工程定向培育食用菌新品种，包括抗虫、抗病、优质的新品种，也可以将编码纤维素或纤维素降解酶基因导入食用菌体内，以提高食用菌菌丝体对栽培基质的利用率或开拓新的栽培基质，最终提高食用菌产量。

基因工程育种在分子水平对食用菌的遗传物质进行操作，可以创造出物种自然演化中不一定能出现的新品种，作为一种可控的育种手段，必将在食用菌育种中发挥重要作用。但是食用菌基因工程育种研究还处于起步阶段，许多问题还需要进一步解决，如食用菌产量、品质、抗性和耐贮等相关重要基因紧密连锁的分子标记的寻找、基因的克隆、表达与功能验证、适宜载体的构建和高效稳定遗传转化体系的建立等，都是今后食用菌基因工程育种的主要研究课题。

第七章　菌种制作及培养

菌种是食用菌生产的基本保障，食用菌从业人员要具备基本的制种、保种技能。

我国食用菌菌种实行三级繁育程序：母种（一级种）、原种（二级种）、栽培种（三级种）。

（1）母种：一般是专业的菌种选育机构经过规范的育种程序培育出来的接种在试管斜面培养基上的菌丝体，具有特异性、稳定性和一致性，也叫试管种。

（2）原种：由母种转接到培养基上经培养而成的菌种。

（3）栽培种：由原种转接到培养基培养而成的菌种。

第一节　母种培养基的制作

经典母种培养基配方：

马铃薯葡萄糖琼脂培养基（PDA培养基）：去皮马铃薯200克，葡萄糖20克，琼脂20克，水1000毫升，pH值自然。

（1）原料称重：用电子天平（精度0.01克）准确称量培养基配方中的原料。

（2）制作过程：将马铃薯切成薄片，放入锅中加水约1000毫升，大火煮沸后转小火煮15～20分钟，并适当搅拌。其间，准备一个1000毫升的烧杯，一块纱布折叠4层，将折叠好的纱布蒙住烧杯口并用橡皮筋扎好。将马铃薯煮液过滤到烧杯中，观察马铃薯滤液量，如不足1000毫升则应适当加水补足。锅子洗净后，将马铃薯汁液倒入锅中，加入琼脂，用小火煮并不断搅拌至琼脂化开，关火后加入配方中的其他原料并搅拌均匀，再次定容至1000毫升。趁热将制作好的培养基分装到18毫米×180毫米的试管中，每支试管装8～10毫升的培养基，应保持每支试管的装量均匀一致。装好后，用棉塞或胶塞塞紧，10支为1捆，捆好后，用牛皮纸将试管口的一端包扎好，整齐竖立放入灭菌锅中灭菌。一般采用手提式高压灭菌锅，设定温度121℃，时间30分钟即可达到灭菌效果。灭菌完毕后，待温度降至60℃左右时，及时将试管摆成斜面。

试管斜面摆放要点：培养基温度太高容易在试管内形成冷凝水，后期容易造成污染，培养基温度太低，容易凝固。斜面长度不宜过长，180毫米的试管一般距离试管口60毫米为标准。摆放时注意，斜面要均匀一致，防止长短不一。试管斜面冷却后，及时收放到干净干燥的环境中，保持斜面朝上，平放即可。

微信扫一扫，观看PDA培养基制作视频

第二节　原种培养基的制作

一、几种常见的原种培养基配方

原种培养基一般用标准菌种瓶、生理盐水瓶作为容器，培养基一般选择麦粒、玉米粒及木屑与棉壳等配比。

配方1（木屑培养基）：70%阔叶树木屑、20%麸皮、8%棉籽壳、1%蔗糖、1%石膏、含水量58±2%，可适用于多种木腐菌类。

配方2（稻草培养基）：78%稻草、20%牛粪、2%轻质碳酸钙、含水量60±2%，主要适用于草腐菌类。

配方3（麦粒培养基）：93%麦粒（玉米粒、谷子、燕麦等均可）、5%麦麸、2%轻质碳酸钙、含水量50±2%。

二、原种培养基的制作过程

配方1、配方2的制作过程基本类似：先将所有原料按配方准备好，木屑、棉壳、稻草、牛粪等经过充分曝晒，目的在于杀灭部分杂菌、虫卵。按配方将所需材料充分混匀，可溶性的材料先在水中充分溶解，可以机器拌料，亦可以人工拌料。按配方中含水量加入所需的水，充分搅拌均匀，一般用手测法测定含水量。

手测法：抓把搅拌好培养料于掌心，用力握捏，手指缝间有水迹渗出，但不成滴。若用大拇指和食指捏少量培养料，用力挤压，可见水分被挤出。握捏成团，含水量<55%；握捏成团指缝间无水迹，指捏见水时，含水量55%～58%；握捏指缝间现水迹，含水量60%～62%；指捏有水欲滴，握捏水滴悬挂于手上不滴落，含水量60%～62%；握捏水滴断续滴落，含水量63%～65%。手测法是经验测定法，指标因人而异。

机器拌料只需将所有主料、辅料放入机器中，搅拌5分钟。将配方中所需的水加入，再搅拌5～10分钟，即可测定含水量，含水量不足，则酌情再加入适量水，再次搅拌3～5分钟即可。

人工拌料有一定的技巧性，一般先将不溶性的主料和辅料搅拌均匀，生产上一般采用逐层平铺法，以木屑培养基配方为例，先将木屑平铺一层，再将麦麸、棉壳分层均匀撒在木屑上。可两人配合操作，一人用铁锹将平铺在地上的培养料逐一翻起成堆后，在中心处挖一大孔，将溶有蔗糖和石膏的水逐步倒入孔中，并不断将周围的培养料掺向中间，后用铁锹再次将成堆的培养料洒向地面，另一人用竹枝扫把平扫，不断重复，直至拌匀，测定含水量，直至符合要求。

分装：培养基配置好后，即可进行分装，装瓶的原则是上紧下松，以保证菌丝下部的生长不缺氧，料面距离瓶口 40 毫米左右，盖上盖子或棉塞，将瓶外壁及瓶口抹干净即可高压灭菌。

高压灭菌：原种培养基的容量较大，且以干物质为主，灭菌时间要比母种培养基长，一般用高压灭菌锅，设置温度 121℃，时间 120 个小时即可达到灭菌效果。灭菌操作与母种灭菌的操作一致，注意把握好时间节点即可。灭菌完的原种培养基放凉后要尽快接种，一般不超过 24 个小时，以免被污染。

微信扫一扫，观看栽培袋原种制作视频

配方 3 的制作与配方 1、配方 2 的制作有一定的差异：麦粒培养基以麦粒为主要的原材料，制作前，先将麦粒曝晒后水洗，加 3%的石灰浸泡至麦粒充分吸胀，然后用水反复冲洗 2～3 次。然后水煮，煮至麦粒透明、不破壳。注意煮的容器要适当大，煮的过程中要不断搅拌，水要稍多。将煮好的麦粒摊凉，晾干表面水膜，将麦麸和轻质碳酸钙拌匀拌入，即可进行装瓶，灭菌，后续步骤与前基本相同。

微信扫一扫，观看麦粒种制作视频

第三节　栽培种培养基的制作

栽培种培养基的制作与原种培养基的制作基本相同，参照原种培养基制作即可。生产上，因栽培种需求量大，不需贮藏，培养好后即可投入生产中使用，一般选用 17 厘米×34 厘米的聚丙烯袋。

下面介绍生产上常用的枝条培养基的制作：

枝条：去专门的厂家购买，一般杨树、柳树、桑竹都可以用来制作枝条，枝条长度在 12～15 厘米，枝条直径 0.5～0.7 厘米。

枝条培养基配方：90%枝条、3%细木屑、3%麦麸、1%玉米粉、1%葡萄糖、1%石膏、0.4%蔗糖、0.3%磷酸二氢钾、0.3%硫酸镁。

制种前，将枝条充分曝晒，按照配方准备好所需材料。将枝条在清水中充分浸泡后至敲碎枝条无白芯。将蔗糖、磷酸二氢钾、硫酸镁溶于水配成营养液，与细木屑、麦麸、玉米粉、葡萄糖充分拌匀后，与浸泡好的枝条充分拌匀，要保证每根枝条都粘上拌好的辅料。先在菌袋底部放入少量辅料，再将枝条均匀装入菌种袋中，在枝条表面封入少量辅料，即可封袋，准备灭菌。灭菌方法与原种的灭菌方法相同，一般采用温度 121℃，时间 150 分钟即可达到灭菌效果。常压灭菌则保持温度 100℃～105℃，时间 24 个小时即可完成灭菌。灭菌结束冷却后，立即接种，以免污染。

微信扫一扫，观看枝条种制作视频

目前大规模生产中栽培种使用较多

的还有液体菌种，它具有发菌快、成本低的特点，但对生产设备和技术工艺要求高，本书不做具体介绍。

第四节　接种

一、母种接种

无菌操作是接种成功的关键要素，无菌操作即整个操作过程中，母种试管中不能带入任何杂菌。首先，需要无菌的空间，那如何创造无菌的空间呢？

实验室可以通过负压和空气过滤、紫外灯等多种设施设备达到灭菌的效果。食用菌的轻简化栽培中，母种的接种可以通过以下步骤创造无菌的空间。第一步，准备相对密闭的房间，提前利用熏蒸、喷雾、紫外灯照射的方式达到相对无菌的效果；第二步，密闭房间里准备一个接种箱或净化工作台；第三步，准备好酒精灯、消毒酒精棉球、接种工具及制作好的母种培养基试管，将这些操作用具及试管放在接种箱/净化工作台内，提前进行熏蒸或紫外杀菌。杀菌完毕后，就可以进入房间，在操作台上进行无菌接种的操作。

操作人员要将自己的手用消毒酒精棉球擦拭干净，等手上的酒精挥发后，点燃酒精灯，将接种工具在酒精灯上烧红，移开冷却。选择需要接种的母种试管，用酒精棉擦拭试管外围，左手同时夹住母种试管和一支需要接种的新试管，将母种试管口移到火焰上方，杀灭可能存在的杂菌，后移到火焰的侧面，用右手小拇指和掌心夹住试管塞拔出。取接种针过火焰划掉试管前端的菌种，并将菌种分成大小均匀的小块，将接种针稍微移出，用右手去掉新试管的塞子，用右手无名指和中指夹住，用接种针取一小块菌种，迅速移入新试管培养基的中端位置。操作过程中菌种不能接触任何其他物品，包括母种的玻璃试管壁。移出接种针后，将接种针过火焰放入母种试管中，快速塞紧接种好的试管塞，右手用接种针挑起母种试管，左手将接好种的试管放下，所有操作试管口都靠近火焰，至此，一支试管接种完成。一支母种可以转接多支试管，接种块要小而薄，接种时，菌丝面朝上，有利于后期菌丝生长。接种完成后，要及时贴好标签，记录品种、日期、级别、保藏条件、接种人等信息。接种操作中所有的操作要迅速、准确，才能保证接种的成功率。

微信扫一扫，观看母种接种视频

二、原种接种

原种接种前的准备工作与母种接种基本一致，主要是做好空间消毒，将需要使用到的器物提前放置到相应的位置，参与到空间消毒处理中（若有紫外线消毒，则生长好的母种不能放置在紫外灯下）。把原种瓶放到接种架上，扭开原种瓶瓶塞，瓶口朝向并靠近酒精灯火焰无菌区。按照无菌操作的要求，在接种箱内酒精灯火焰旁，将母种菌块分成 1 厘米大小的接种块，用接种钩钩住，弯钩朝上，试管口不离开火焰。将菌种块迅速放入原种瓶中，将棉塞过火焰后封住瓶口，一瓶原种接种完成。一般 1 支母种约扩繁 6 瓶原种。

微信扫一扫，观看原种接种视频

三、栽培种接种

栽培种接种的前期准备工作与原种接种一致。在栽培种接种过程中，考虑到接种量大，我们会使用接种架操作，确保接种方便、快捷。用酒精将原种瓶擦拭几次，左手握住原种瓶底部，右手拔出棉塞，用火焰将瓶口烧 1 分钟左右后，用消毒好的接种铲过火焰，并将原种瓶中的菌种刨松，再将原种瓶瓶口朝火焰地放置在接种架上备用。靠火焰打开栽培袋/瓶，快速用接种铲将菌种接入到栽培袋中，盖好盖子（塞子），一瓶（袋）栽培种就接种完成。1 瓶原种约扩繁 30 瓶栽培种。

微信扫一扫，观看原种转接栽培种视频

微信扫一扫，观看栽培种转接栽培袋视频

在购买原种时一定要在专业的菌种机构购买，并保留销售凭证及母种备查。如果是自行分离选育的菌种，一定要做好小批量试验，确保种源种性稳定后才能投入生产。在菌种的分级扩繁中，要注意逐级扩繁，切不可越级扩繁，如栽培种扩原种、栽培种扩栽培种。

第五节　培养

一、母种的培养

接种完的母种试管，置于恒温培养箱 22℃～25℃培养。没有恒温培养箱的，可以创造一个相对无菌，湿度 50%～70%、温度 22℃～28℃的空间，保持避光，即可保证母种试管生长所需的条件。母种培养期间，一般 2 天要检查 1 次母种的生长情况，对被污染的、长势弱的、菌落形态与所培养的食用菌菌丝菌落典型特征不符合的、有培养基干燥收缩等情况的，应及时清理。

二、原种和栽培种的培养

原种和栽培种的培养基本一致，因原种和栽培种的接种量一般较多，所占的空间较大，在生产上，一般准备专用的培养室，提前将培养室进行消毒，并准备好调节光温气的设施设备，特别是温度的调节。

大部分的食用菌菌丝生长的合适温度为22℃～28℃，需要做好夏季降温和冬季保温的工作。夏季降温主要利用空调降温、通风，菌种袋之间要留一定的空隙；冬季除了采用空调调温，还可以采用电热炉加温、覆盖棉被保温等方式。环境湿度的控制也非常重要，湿度过大时，容易滋生螨虫，长杂菌，造成菌种污染，可以通过洒生石灰、空调抽湿等进行控制。食用菌菌丝生长阶段，基本不需要光照，除了操作时开灯，其他时间尽量保持黑暗。

在培养过程中，前五天，不要影响菌丝的定植，第六天对菌种进行一次全面的检查，观察萌发、污染情况，将有问题的菌种及时清理。以后每隔5～10天，对菌种进行筛查，排除污染和生长不均匀的菌种。

小提示：在菌种（尤其是菌种袋制作的菌种）排查中，做到眼勤手懒，重点用眼观察，发现有污染的菌种，轻轻拿出来，放到培养室外。手拿菌袋时，应拿菌袋的中部，不可提拎菌袋口，以免造成袋口与内外的气压差，从而增加菌种的污染率。菌种长满后应及时使用，实际生产中来不及使用的菌种，务必存放在4℃～10℃的低温环境中。原种、栽培种保藏的时间最长15天。

第八章　食用菌常见病虫害及安全防治

第一节　食用菌病害

食用菌病害是指食用菌在生长、发育过程中，由于环境条件不适，或遭受其他有害微生物的侵染，使其菌丝体或子实体正常的生长发育受到干扰和抑制，导致生长发育缓慢、畸形、枯萎甚至死亡等生理、组织及形态上的异常现象。因受机械损伤、昆虫（不包括病原线虫）和人为活动的伤害所造成的不良影响及结果，不属于病害范畴。引起食用菌病害的因素即为病因，在病理学上称为病原。按照病原的根本属性不同，可分为生物的（微生物）和非生物的（环境因素）两大基本类型。由生物性病原引发的病害称为侵染性病害，也叫非生理性病害。由于非生物因素的作用造成食用菌生理代谢失调而发生的病害称为非侵染性病害，也叫生理性病害。

第二节　病害类型

一、侵染性病害

侵染性病害的病原生物主要包括真菌、细菌、病毒、线虫等，具有传染性。被病原菌侵染的食用菌菌丝体或子实体称为寄主。侵染性病害的发生往往是由病原菌、寄主、环境因素共同决定的。常见的侵染性病害有湿腐病（疣孢霉）、细菌性腐烂病、斑点病（锈斑病）、病毒病、线虫病、黏菌病等。

下面介绍几种常见的侵染性病害：

（一）细菌性病害

细菌性病害主要有斑点病、锈斑病、麻脸病、黄斑病等病害，主要由托拉氏假单胞菌、荧光假单胞菌、欧文氏杆菌、铜绿假单胞杆菌、蘑菇假单胞菌、芽孢杆菌属等细菌引起，主要危害杏鲍菇、平菇、金针菇、双胞蘑菇、鸡腿菇、鲍鱼菇等食用菌。细菌性病害的典型特征是一般从菌盖开始发病，初期表现为病斑，后迅速扩大，蔓延至菌柄、菌褶，严重时造成子实体畸形、腐烂，甚至发臭，有些细菌性病害会使菇体发黏、变黄，有些会变黑萎缩，尤其在高温高湿条件下，病害发展非常快。不同细菌性病害在不同食用菌上会有不同的表现，但也有一些共同点。生产中，我们较容易区别细菌性病害与其他病害，但是何种病害、由哪种细菌引起就需要专业机构进行鉴定。

细菌性病害的病原细菌存在于土壤、水源和培养料中，可通过昆虫、空气、喷水传播。菇房温度在15℃左右，空气湿度95%以上，通气不良时，非常有利于细菌性病害的发生。

细菌性病害的综合防治：不管任何病害发生，都与环境有密切的关系，病害一旦发生，首先要想到的是，栽培环境给病害的发生创造了哪些条件，进而及时采取应对措施。生产环节中，培养料要发酵、灭菌彻底。出菇培养前，对出菇房及周边进行一次彻底的杀菌消毒。出菇过程中，及时清理菇房及周边的废弃物，包括废菌包、发病菌包、排水沟杂物等。同时加强出菇参数管理。其次高抗品种选育也是有效的防治手段。

病害发生后，可及时采取的一些防治措施：药物防治可选用漂白粉 500～600 倍液、链霉素 5000～8000 倍液、47%加瑞农可湿性粉剂 600～800 倍液，或 5%石灰水上清液 1 天喷洒 2 次，也可在菇床上撒一薄层石灰粉，发病严重时，要挖掉发病料面再喷洒药物。同时加大菇房的通风排湿，加强出菇管理。

（二）真菌性病害

侵染性真菌性病害主要有褐腐病、软腐病、绵腐病、葡枝霉病、菌盖斑点病等，主要是有害疣孢霉、异形枝葡孢、丝枝霉、树状葡枝孢和变孢葡枝孢等有害真菌引起的，主要侵害双孢蘑菇、平菇、草菇、银耳、灵芝、金针菇、杏鲍菇等。真菌性病害发生后，症状差异较大。

褐腐病是一种典型的真菌性病害，由有害疣孢霉引起，染病后，幼蕾、成熟的子实体均可发病，幼蕾发病后停止生长，变褐腐烂。子实体发病初期，菇盖表面出现淡紫色斑块，后逐渐转变为褐色斑块。发病部位能深入到菌肉，使整个子实体变褐色至黑色，萎缩死亡和腐烂。双孢蘑菇幼时发病，幼蕾形成白色瘤状菌组织，不形成菌盖，随菌龄增长逐步腐烂而变褐，有些病菇蕾可继续生长形成各种畸形菇。双孢蘑菇生长后期受侵染，菌柄基部变褐色并着生白色绒毛状菌丝，有时菌柄会开裂长满白色菌丝而菌盖萎缩畸形，菌盖部分菌褶扭曲、覆盖白色菌丝，病菇后期转为褐色软腐并流出褐色汁液。病害发生后，可用 40%噻菌灵防治褐腐病。

有害疣孢毒是一种土壤真菌，广泛分布于表土层中，通常以厚垣孢子状态存在，可以在土壤中休眠多年，病残体上的孢子无论室内、室外均可越冬。因此，周围的土壤和废弃物是此病的主要侵染源，也可随人、昆虫以及风带入，当孢子落在正在生长的食用菌上时，菌丝能刺激孢子萌发，即构成发病。出菇时，若菇房内空气不流通，湿度大，且长时间处于 18℃以上，最易发病。出现病菇时，应及时在发病部位撒上石灰粉，挖取病菇及病菇周围的培养料与泥土，将其深埋，发病重时，菇房立即停止喷水，小开门窗，加大通风，降低空气湿度和温度。在一批次生产完成后，要加紧对菇房、周边及操作器具进行曝晒、消毒，尤其涉及覆土操作的，要对覆土进行严格的消毒。

软腐病一般从子实体基部侵染，菌柄变褐并腐烂，进而向上发展覆盖整个子实体，病害处呈水浸状，并逐渐变成褐色软腐，症状和细菌性病相似，软腐病的病原体是异形枝葡孢。斑点病发生时菌盖产生淡褐色圆形病斑，病斑稍稍凹陷，菌肉组织溃烂，菇房相对湿度高时，病斑上可见白色气生菌丝，斑点病的病原体是丝枝霉。

图 8-1　镰孢霉

图 8-2　斑点病

（三）病毒病

病毒体积极微小，按形状分类有球状、杆状、线状、噬菌体等。病毒具有很强的侵染性，发病具有潜伏性，不好辨认，往往被察觉时已经造成了较大的损失。受病毒危害的品种主要有双孢蘑菇、香菇、平菇、草菇、茯苓、银耳等食用菌。病毒病在不同的品种间、不同的发病阶段均有一定的差异，容易与生理性病害混淆。食用菌病毒主要通过菌丝融合和孢子传播，因此，在生产上，品种脱毒、优质无毒品种的选择是防治病毒病最直接、最有效的方法。病毒病发生时，需对残存病毒基质进行及时清理，对菇房场地进行消毒。

香菇菌丝被病毒感染后，出现“退菌”现象，形成无菌丝的空白斑块；子实体被感染后，形成畸形菇，开伞早，菌盖薄。双孢蘑菇感病后，被感染的菌丝退化、褐变、柔软，无菌丝束，不能形成子实体，严重时形成无菇区。平菇被感染后，菌丝生长速度减慢，菌柄肿胀近球形、弯曲、表面凹凸不平；有的菌盖很小或无盖，只在子实体顶端保留菌盖的痕迹，后期产生裂纹，露出白色的菌肉；菌盖与菌柄表面出现明显的水浸状条斑。

（四）线虫病

线虫是一种体形细长（长约1毫米，粗0.03～0.09毫米），两端稍尖的线状小蠕虫，肉眼看不到，属于线虫动物门，种类非常多。危害食用菌的线虫主要有蘑菇滑刃线虫、雅各布滑刃线虫、双尾滑刃线虫、小杆线虫、嗜菌丝茎线虫和堆肥滑刃线虫等。主要危害双孢蘑菇、草菇、木耳、银耳、香菇、平菇等食用菌，严重影响其产量。线虫能侵染菌种、菌床的菌丝体和子实体，菌床中有少量线虫存在时，菌丝出现衰退现象，可引起菌床出菇量减少；菌床有大量线虫存在时，子实体组织变黑腐烂。

线虫存在于土壤、植物残体、不清洁的水中，主要通过覆土、喷水等人工操作传播。做好以下几点可以有效地防治线虫病害的发生：①培养料发酵彻底；②覆土材料严格把控，选用深层土、无污染的深山土并进行消毒处理；③做好出菇房的卫生和环境控制；④使用纯净、清洁的水。发生线虫病害时，要将病区周围划沟，在沟里撒上一层石灰，与未发病区隔离；发病区停止喷水，使其干燥，用1%的醋酸进行喷洒。

（五）黏菌病

黏菌属于原生生物界，黏菌门。黏菌的生命周期由2个营养阶段（单核的黏变形体和多核的原生质团）及 1 个繁殖阶段组成。营养阶段以细菌、藻类、真菌等作为食物来源。在繁殖期能产生孢子，兼具原生动物和真菌的特征。

黏菌在食用菌病害中较容易辨认，主要危害平菇、双孢蘑菇、滑子菇、木耳、灵芝、长根菇等食用菌，发生黏菌病害时可以用稀释 100 倍的水杨酸喷洒发病部位。

图 8－3　黏菌病

二、竞争性病害

竞争性病害是指病原微生物感染培养料后，与食用菌菌丝体争夺营养与生存空间，两者在一定时间内对峙生长的状况。引起竞争性病害的病原微生物主要是真菌，包括木霉、曲霉、脉孢霉、毛霉 、根霉 、青霉 、链格孢霉等。出菇阶段的竞争性病害主要有鬼伞、碳角菌、褐色石膏霉病、盘菌、胡桃肉状菌、多孔菌、革菌类等。

图 8－4 竹荪地里的竞争性鸟巢菌

图 8－5 黑皮鸡枞菌棒里的竞争性金针菇

图 8－6 草菇菇床上的竞争性鬼伞

图 8－7 灵芝子实体上的木霉

三、非侵染性病害

非侵染性病害不是由病原微生物引起的，而是由环境因素引起的，包括缺氧及温湿度、光线、二氧化碳浓度、C/N 比不当导致的菌丝徒长等问题，通过调整环境因素即能恢复正常生长。

图 8－8 春生田头菇生理性病害

第三节　食用菌主要虫害类型

为害食用菌的害虫种类较多，可以直接侵害栽培基质、菌丝体、子实体，主要是直接咬食、蛀食，传播病害等对食用菌生产产生影响。

下表列举了几种常见的虫害类型及防治方法：

表 8-1　　主要虫害一览表

虫害种类	危害对象	为害习性	防治办法
双翅目害虫	平菇、黑木耳、双孢蘑菇、茶树菇	幼虫可食培养料，子实体原基，也可以破坏菌棒，直接咬食子实体、造成子实体萎缩、腐烂、枯死	物理防护：纱窗、药物诱捕、灯光诱捕等。可用5%高效氯氟氰聚酯或菇虫清防治
蚤蝇类	双孢蘑菇、香菇、平菇、鲍鱼菇、茶树菇	蚤蝇种类多，是为害食用菌的重要害虫，主要表现在幼虫咬食子实体、菌丝体，造成烂菇，发育不好，以及其他杂菌的感染	物理防护同上 栽培中，应避免菇床积水。发生病害后，待采菇完毕后，使用25%阿克泰水分散粒剂3000～4000倍喷洒
跳虫类	双孢蘑菇、香菇、平菇、银耳、茶树菇、杏鲍菇、灵芝	培养料上发生跳虫类会抑制发菌，跳虫取食子实体的菌柄形成小洞，咬食菇盖出现不规则的凹点或孔道。跳虫弹跳能力强，喜阴暗潮湿环境，浮于水面运动，常群集为害，当菌盖上虫口密度高时呈现烟灰状	1）做好菇房环境卫生，清除周围积水，改善通风条件，降低菇房湿度。2）将80%敌敌畏1000倍喷洒于纸上，再滴上糖蜜，将药纸分散于培养料表面或覆土表面进行诱杀。3）原基分化前或采菇后料面喷洒25%阿克泰水分散粒剂3000～4000倍液

续表

虫害种类	危害对象	为害习性	防治办法
螨类	双孢蘑菇、草菇、平菇、凤尾菇、鲍鱼菇、茶树菇、银耳、木耳、灵芝等	菌丝萎缩不长，严重时培养料中的菌丝可被螨虫吃光；子实体被害引起萎蔫、僵化、畸形或腐烂	害螨可经培养料、菌种和蝇类传播。搞好菇房清洁卫生，种菇前用80%敌敌畏100倍液喷洒菇房四周，特别要注意角落和墙脚。药剂防治：螨害严重时，在出菇前或采菇后料面用18%阿维菌素乳油3000～4000倍液、4.3%氯氟·甲维盐乳油或73%螨特乳油2000～3000倍喷杀
野蛞蝓	双孢蘑菇、平菇、香菇、草菇、球盖菇、杏鲍菇	将子实体咬成缺刻或锯齿状；经蛞蝓爬过的子实体，常留下白色黏质，影响产量和品质	蛞蝓喜潮湿环境，藏匿于枯枝草丛石块下。要搞好环境卫生，铲除菇房周围的杂草和枯叶，撒石灰粉保持清洁和干燥。少量发生时可人工捕捉，大量发生时用6%蜗牛敌颗粒剂按1∶25拌沙，撒于菇床周围或蛞蝓出没处。6%四聚乙醛喷杀
马路	地栽食用菌	咬食子实体	搞好菇场卫生，人工捕杀。大量时用0.7%噻虫·氟氯氰喷洒

第九章　食用菌保鲜及初加工

第一节　采收与分级

一、采收

（一）适时采收

任何作物均有一个最佳采收时间，食用菌亦不例外。根据食用菌品种特性及管理上要求的不同，一般采取整批采收或分批采收两种形式。以茶树菇、平菇、金针菇为代表的都是整批采收，此时，子实体80%左右达到生理成熟。以香菇、黑皮鸡枞、竹荪等为代表的一般采取分批采收，即子实体达到七八成熟，此时的食用菌一般菌膜已破，菌盖尚未完全开展，即可采收。

（二）采收技术

采取整批采收的食用菌，采摘技术相对简单，一般整丛扭下，轻拿轻放，不损伤菇体即可。采取分批采收的菌菇，则要根据菇的生长状态来采摘，要根据最佳采收期原则来采收，食用菌个体存在差异，单纯根据菇的大小并不能判断菇的成熟度，已经过熟的要抓紧采摘，达到七八成熟的要及时采摘。一般有菌柄的，用大拇指和食指捏紧菇柄基部，先左右旋转，再轻轻向上拔起，避免损伤周围的小菇。胶质体菌类如银耳一般用刀从基部整朵割下。

（三）注意事项

一般采收前2～3个小时停止喷水，加强菇房通风，使菇体表面稍干燥。采收带有泥土和菌渣的食用菌，采收时一定要注意头对头、脚对脚，整齐排放，以免将泥沙带到食用菌的其他部位，影响商品性能。采收回来后，及时清理分级。

二、食用菌产品的分级

目前我国食用菌分级的标准一般是依据商品性能和大小、性状、成熟度、有无残缺、有无病虫害等外观指标来分的。针对某种食用菌（香菇、木耳、杏鲍菇等）产品分级的国家、地方及企业标准，可以作为参考资料。可供参考的分级标准：

《香菇等级规格》（NY/T 1061—2006）

《鲜香菇产品等级》（DB 51/T 1208—2011）

《黑木耳等级规格》（NY/T 1838—2010）

《杏鲍菇等级规格》（NY/T 3418—2019）

《杏鲍菇分级》（DB 43/T 1722—2019）

《双孢蘑菇等级规格》（NY/T 1790—2009）

鲜销的食用菌在采收后，立刻进行打冷排湿、清理、产品分级，包装后放入冷库保鲜，待售。

需要加工的产品则根据产品特性采取不同的处理方式，如需要干制的食用菌则一般在干制后再进行分级。盐渍、罐头食用菌一般不会严格分级。

第二节 食用菌保鲜方法

采收后的食用菌虽然离开了培养料，但仍然是活的有机体。食用菌产品水分、氨基酸含量非常高，组织柔嫩，代谢旺盛，子实体进行呼吸、后熟作用，会消耗水分、养分，引起子实体的不利变化，如褐变、开伞、软腐、伸柄，甚至腐烂，进而影响商品性能。因此，食用菌采收回来后，及时保鲜非常重要。

低温保鲜是一种设施简单、成本较低的保鲜方法，操作亦简单。进行食用菌轻简化生产，如果选择的品种是适合鲜售的，应提前建造冷库，冷库的温度控制在 0℃～5℃。尤其在夏季，采收后的食用菌应马上放入冷库进行排湿保鲜，并在较为阴凉处进行必要的整理、分级、包装，保鲜于冷库中。食用菌鲜品的运输也需要低温冷链运输，以保证商品质量。

根据不同的品种特性进行低温保鲜，有一些保鲜技巧，应用后可以有效地延长保鲜期和提高商品的品质。（1）真空保鲜：针对呼吸作用较强、子实体不易碎的品种，如杏鲍菇、金针菇、秀珍菇类，可以采用防雾保鲜袋打包后，用手持式抽真空机抽成真空后，放入冷库保鲜。（2）泡沫箱保鲜：针对子实体较脆嫩的品种，如猪肚菇、竹荪、大球盖菇等，可以在分级后，整齐地装入泡沫箱中，放置于恒温冷库进行保鲜。（3）特殊品种：如草菇，草菇的保藏温度一般是 15℃～18℃，温度过高过低均不利于草菇保鲜。在建造冷库时，建一个缓冲间，能够较好地起到恒定冷库温度的作用，有利于存放在冷库中的食用菌保持相对恒定的温度，从而延长保鲜。

第三节　食用菌的初加工方法

根据轻简化生产的特点，主要推荐的初加工方法是干制和盐渍。这两种方法技术难度和设备要求不高，产品较容易保存。

一、干制

根据经济和环境条件，可以选择机械干制、自制烘干房、自然晒干，使食用菌的水分控制在11%～13%。适合干制的品种有香菇、羊肚菌、猴头菇、竹荪、姬松茸、银耳等。如果是购买烘干机，要选择具有自动控温和排湿功能的烘干机。自制烘干房，要特别注意加温所用的原材料，不能用含硫多的物质作为燃料，以免引起干制食用菌中含硫量超标。

姬松茸干制实例：

基本流程：姬松茸→削除泥脚→清洗干净→沥干水→排上筛架→进行烘烤。

打开烘箱，预热到40℃，将清洗干净、沥干水的姬松茸按菇体大小，菌褶朝下，均匀排放于筛架上。此时全部打开进气和排气窗排除蒸汽，菇体受热后，表面水分大量蒸发，烘烤约6个小时，使菇体定形。待菇体水分降至50%左右时，按照大小、干湿分级稍微调整烘箱内的层架，缓慢调温到50℃继续烘烤约6个小时。姬松茸中的水分约降至30%，表面皱褶均匀，淡黄色至浅黄色，将温度缓慢调至60℃烘6～8个小时，当烘至八成干时，双气窗全闭烘2个小时左右，用手轻折菇柄易断，并发出清脆响声即结束烘烤。按此方法烘制的姬松茸干品气味芳香，菌褶直立，白色，完整无碎片，菌盖淡黄无龟裂，无脱皮，铜锣形收边内卷，干燥均匀。可根据销售需要进行分级包装。

二、盐渍

盐渍是利用高浓度的食盐溶液抑制微生物的生命活动，破坏食用菌的活力及酶活，从而防止腐败变质的一种常见加工方法。适合盐渍的品种有草菇、大球盖菇、双孢蘑菇、滑子菇、金针菇等品种。盐渍操作相对简单，一般准备大锅、盐槽即可。

草菇盐渍实例：

基本流程：采摘草菇→清理菇脚→杀青→冷却→盐渍→分装。

一般选择八至九成熟的草菇，草菇菌膜未破裂前采收，采收后，清理菇脚的杂质，待用。准备一口大铁锅，加入5%～7%食盐煮沸，将草菇放入，煮5～10分钟捞起，迅速放入凉水中，用流水冲至凉透。具体方法：按照盐∶开水（32∶100）的比例，将食盐加入开水中，煮沸，彻底溶解后，放凉待用。将杀青放凉后的草菇放入事先准备好的盐槽中，倒入盐水至刚好浸没草菇，然后在草菇上面撒上一层盐，直至盐不溶解，盐渍10天左右，进行1次翻动，翻动后再次用食盐封面。再过10天后，即可将盐渍好的草菇用桶封装出售。盐渍的草菇含有高浓度的盐，使用前，必须在清水中浸泡脱盐方可食用。

第十章　草菇轻简化栽培

第一节　概况

草菇［*Volvariella volvacea*（Bull.）Singer］又名稻草菇、兰花菇、南华菇、麻菇，为草腐菌类。

1. 分类地位

菌物界，担子菌门，伞菌纲，伞菌亚纲，伞菌目，光柄菇科。

2. 形态特征

子实体群生或单生，幼时呈钟形或蛋形，菌盖、菌托均由菌膜包裹。成熟时菇体破膜而出，部分菌膜残留在菌柄基部，形成菌托。草菇菌盖呈钟形，成熟时平展，鼠灰色，表面光滑，有黑褐色条纹。菌盖中央厚，颜色深，边缘薄，颜色淡。菌褶离生，白色，后呈粉红色。菌柄白色，内实，圆筒形，直径0.8～1.5厘米。

3. 营养成分

新鲜草菇含水分92.39%、蛋白质2.68%、脂肪2.24%、灰分0.91%、糖2.6%。每100克鲜草菇中含维生素C 206.27毫克，比蔬菜和水果高出好几倍。草菇含有17种氨基酸，其中包括人体所需要的8种必需氨基酸，占氨基酸总量的38.2%。

4. 草菇生长发育条件

（1）温度：草菇属于高温型菇类，菌丝生长温度范围是

20℃～40℃，最适温度为32℃～35℃。小于15℃或大于40℃菌丝生长受到抑制，10℃时停止生长，5℃以下菌丝很快死亡，因此，草菇菌种不能放在冰箱中保存。草菇子实体发育的适宜温度为28℃～32℃。草菇对外界的温度变化非常敏感，忽冷忽热的气候，对子实体生长极为不利。温度低于24℃，子实体难以形成；温度高于35℃，草菇早熟，子实体较小，易开伞。

（2）湿度：草菇喜欢生长在潮湿的环境中，在高温高湿条件下生长迅速，子实体肥大，数量也多。实践证明，空气相对湿度为80%左右，培养料含水量为60%～65%，适合草菇菌丝的生长；当空气相对湿度为85%～90%，培养料含水量为65%～70%时，适合子实体生长。若空气相对湿度低于80%，培养料含水量低于60%，则菇体生长迟缓、表面粗糙以致枯萎死亡。若空气相对湿度高于95%，培养料含水量超过80%，则通气不良，抑制呼吸，菇体易腐烂，导致杂菌多，小菌蕾易萎缩死亡。

（3）光照：草菇孢子萌发及菌丝体生长不需要光照，它们能在完全黑暗的条件下进行生命活动，子实体原基分化需要50～100勒克斯的散射光。散射光能促进草菇子实体的形成，并使之健壮，增强抗病能力。此外，光照能促进菇体色素的转化，光强时色深而发亮，菇体组织紧密；光线不足时子实体灰色而暗淡，菇体组织也较疏松。但是强烈的直射光对菌丝和子实体生长有严重的抑制作用，而且使培养料温度升高，加速水分蒸发，损伤幼菇，因此，在露天栽培草菇时，要覆盖草帘，以免强光直射导致料面散失过多水分。

（4）空气：草菇是好氧性菌类，足够的氧气是草菇子实体生长发育的必要条件。氧气不足或二氧化碳积累过多，会使草菇呼吸作用受到抑制，导致生长停止，甚至死亡。因此，在栽培草菇的管理过程中，要注意通风换气，保持空气新鲜，同时注意保湿。一般来说，从营养生长到生殖生长前期，对氧的需求量略低些，但子实体形成以后，由于旺盛的呼吸作用，需氧量又会急剧增加，需加大通风。

（5）pH 值：草菇适宜在偏碱性的环境条件下生长，孢子萌发的最适 pH 值是 6～7.5，草菇菌丝体在 pH 值为 5～10.3 的条件下均能生长，子实体在 pH 值为 8～9 的条件下仍能发育良好。栽培草菇培养料的 pH 值一般为 8～9，这样的环境对一些杂菌生长不利，但不影响草菇正常生长发育。

第二节　发展历程

据史料记载，草菇的栽培发源地是湖南浏阳，以“浏阳麻菇”著称。最早采用室外稻草生料堆式栽培，到 20 世纪 70 年代开始采用室内栽培，产量大幅度提高；接着采用室内塑料大棚或室内层架立体栽培，大幅度提高了草菇生物学效率，与室外稻草生料栽培方式相比增产近 2 倍。80 年代初，广州市郊区开始用保温泡沫房或砖瓦房床架栽培。最近几年，广东、深圳、湖南、广西等地采用室内控温控湿周年化生产，1 年可栽培草菇约 15 个周期。上海、武汉、海南等地采用杏鲍菇、金针菇等菌糠栽培双孢蘑菇后再次利用其栽培草菇。

第三节　栽培技术

一、原料选择与处理

（一）常用配方

栽培草菇的主要原料有废棉渣、棉籽壳、稻草、小麦秸秆、中药渣、食用菌菌糠等。辅料有石灰、麦麸、干牛粪、营养土等。要求原料新鲜、干燥、无霉烂、无变质、无病虫害感染。

常用的培养料配方如下：

（1）废棉 80%、稻壳 15%、石灰 5%。

（2）棉籽壳 85%、小麦秸秆 10%、石灰 5%。

（3）稻草 85%、麦麸 5%、干牛粪 5%、石灰 5%。

（4）菌糠 75%、秸秆 20%、石灰 5%。

（5）菌糠 65%、中药渣 30%、石灰 5%。

上述配方要求 pH 值为 9～10，含水量为 60%～65%。

（二）培养料处理

1. 以废棉渣或棉籽壳为主原料

以配方①、配方②为例，将废棉渣或棉籽壳、小麦秸秆浸入石灰水中，浸透后捞起沥干，按比例拌入石灰建堆，堆宽 1.2 米，堆高 70 厘米左右，长度不限，堆中适当打通气孔，盖上薄膜自然发酵 2～3 天。

2. 以稻草为主原料

以配方③为例，将稻草切成 5～10 厘米长的稻草段。稻草段用石灰水浸泡 8～12 个小时后捞起沥干，按比例拌入石灰、麦麸、预湿好的牛粪建堆，堆宽 1.2 米，堆高 1 米，长度不限，堆中要适当插通气孔。堆制好后，盖薄膜发酵 3～5 天，中间翻堆 1 次。

牛粪预湿：正式堆制前 2～3 天将干制的牛粪摊在堆料场，用人工打碎或机械粉碎，边粉碎边喷雾水，使其初步预湿。再将初步预湿的牛粪作堆，堆高 0.5～0.8 米，宽为 1.5～1.8 米，长度不限。

3. 以菌糠为主原料

以配方④为例，将秸秆切成 3～5 厘米长的段，用石灰水浸泡 8～12 个小时后捞起沥干待用。将工厂化生产杏鲍菇、金针菇的菌糠为主原料，粉碎过筛，按比例加入秸秆和石灰，拌匀，堆制发酵2天左右备用。

若料堆中出现大量螨虫时，在翻堆时喷克螨特等药物，然后盖塑料薄膜密闭1～2天，就可杀灭螨虫等害虫。如料中有大量氨气味，可以喷过磷酸钙液来消除，因为氨会抑制草菇菌丝生长，诱发大量鬼伞菌发生。如果堆内过干，加2%石灰水调节料的含水量达65%左右。

二、栽培季节与品种

草菇喜欢高温、高湿环境，利用自然条件栽培时，通常日均气温稳定在23℃以上，空气相对湿度达到80%以上是栽培草菇的适宜季节，但我国各地气候差异大，要因地制宜选择适宜本地区的栽培时间。如广东、广西及福建等地可在4月到9月栽培，黄河以北地区可从6月上旬至8月中旬栽培。如果栽培场所有温度、湿度控制设备，可以适当提前和延长栽培季节，进行室内栽培，可以一年四季出菇。

目前栽培的草菇主要有两大品系：一类称为黑草菇，主要特征是未开伞的子实体外皮为鼠灰色或黑色，呈卵圆形，不易开伞，货架期相对较长，但抗逆性稍差，对温度特别敏感；另一类是白草菇，主要特征是子实体外皮灰白色或白色，易开伞，菇体基部较大，出菇快，产量高，抗逆性较强。

根据各地的实际情况因地制宜地选择优质高产的品种非常重要。品种的选择标准是高产、优质、抗逆能力强。优质草菇应该是外皮厚、有韧性、不易开伞，菇形好，有光泽，食用时口感好。

黑菇品系主要有以下品种：

（1）V23 子实体较大，包被厚而韧，不易开伞，子实体产量高，但抗逆性差。

（2）V5 子实体较大，产量高，包被厚，不易开伞，对不良环境抗性强。

（3）V91 子实体产量与 V23 相当，但商品性状和质量优于 V23。

（4）GV34 菌丝生长适温较低，比一般草菇低 4℃～6℃，子实体发育温度也较低，在 23℃～25℃下能正常出菇。适于北方初夏和早秋季节栽培。

白菇品系主要有以下品种：

（1）V17 抗性较强，产量较高。其缺点是菌膜较薄，较易开伞，适宜在气温较低的春秋季节栽培。

（2）屏优 1 号 子实体较大，灰白色群生，包被厚，不易开伞，抗逆性强，产量高。适于我国南方室内外栽培。

（3）VP53 子实体大，不易开伞，是一个较耐低温的品种。

三、轻简化栽培

草菇轻简化栽培可采用室内立体床式栽培和大棚畦式栽培。采用控温设备，室内立体床式栽培可周年生产。大棚畦式栽培是季节性栽培常用的栽培方式，其特点是操作简便，投资成本相对较低。

图 10－1　草菇栽培立体床架

（一）室内立体床式栽培

室内立体床式栽培工艺流程：原料准备→堆制发酵→铺料→二次发酵→播种→菌丝期管理→出菇期管理→采收。

1. 栽培场地

草菇室内立体床式栽培，可建造专用菇房，也可利用温室、地下室、花房、育秧室等闲置房屋栽培，要求房内有散射光，能保温保湿，通风换气。

床架式立体栽培草菇，可有效利用设施空间，具体操作：床架可用角铁、木棍或竹竿制作，床架四周不要靠墙，床架之间留70～80 厘米的人行道，床架高 1.8 米，床面宽 0.8～1 米，设3～4 层，上下层间距 50 厘米，床架的长度依菇房大小而定，床架在室内南北摆放。

立体床架铺好后，对整个床架以及所有用具进行消毒，喷洒气雾消毒剂、石灰水、克霉灵等。对栽培过的旧菇房更应彻底消毒。

2. 上架铺料

在床架上先铺 1 层纱网，使培养料不易外漏。

①以废棉渣或棉籽壳为主原料。将经过堆制发酵的原料翻堆后均匀铺在床架上，料厚 10～15 厘米。夏天气温高时，适当铺薄些，冬季气温低时，适当铺厚些。②以稻草为主原料。稻草堆制发酵后，添加发酵好的干牛粪，充分拌匀后，均匀铺在培养架上。铺料厚度 10～15 厘米，要压实。③以菌糠为主原料。菌糠铺料厚 12～15 厘米，其他注意事项与①同。

3. 室内二次发酵

铺料完成后，关闭门窗，进行二次发酵：向菇房内通入蒸汽或利用煤炉加温，使室内温度升到 65℃左右，维持 4～6 个小时，然后自然降温。降至 45℃左右时打开门窗，将发酵好的培养料进行翻抖，排除料内有害气体。依据不同栽培方式，可以将料面铺成波浪形或中间宽 20 厘米的长条形凹槽。铺好的料应松紧一致，待料温降至 35℃～37℃时即可播种。

二次发酵有利于进一步杀灭培养料中的杂菌和害虫，同时促进高温放线菌等有益微生物的大量繁殖，使培养料发酵一致，更利于草菇菌丝的生长，容易获得高产。

4. 播种

草菇床式栽培播种采用穴播与撒播相结合。播种前菌种瓶/袋、器具等用3%的高锰酸钾水表面消毒，菌种瓶/袋最上面一层菌种弃去不用，并将菌种块轻轻掰成核桃大小。播种时，先穴播，每穴间隔10～15厘米，然后再均匀地将部分菌种稍捏碎撒播在培养料表面，轻轻压平，使菌种和原料充分接触，上面再用一层塑料薄膜覆盖整个床架。保温、保湿效果好的菇房且气温较高时也可不盖薄膜。

注意不要把不同草菇种混合播，不同品种混在一起会有拮抗作用，影响出菇。

5. 菌丝期管理

当环境条件适宜时，草菇播种2～3天后菌丝即能长满整个床面，4～6天可吃透培养料，而且下床的草菇比上床的草菇长得快。菇房温度应维持在30℃～34℃，料温宜保持在33℃～38℃；每天检查温度，观察料内温度时，将温度计探头斜插入床架中间位置，插入料中3厘米处；观察料面温度时，将温度计直接平放在床架中间的料面上；观察菇房气温时，将温度计直接挂在床架第三层（菇房中间）位置。通常情况下，菌丝生长期间料面温度一般比室内气温高2℃～3℃，比料内温度低2℃～3℃。草菇发菌期间要通过调整通风和空间喷雾来满足菌丝生长，当料内温度超过42℃以上，需打开门窗通风使温度降低或在菇房内喷水降温。通风过程中料面温度不低于30℃、料内温度不高于38℃即可。当料温低于30℃时，要采取加温措施提高室内和料内温度。菌丝生长阶段，如果气温高，料面容易干燥，播种4～6天后可以采取室内喷雾或往地面洒水等措施保湿，若培养料偏干应视情况向床面轻喷1～2次水，促使菌丝往下吃料。菌丝生长期不需要特别的光照。接种后第 5～7 天，当菌丝吃透培养料至料层底部后，揭去薄膜，开启门窗通风 4～6 个小时，使料面干爽后进入出菇管理。

6. 出菇管理

接种后第 7～9 天向料面喷催菇水，此次喷水要重，直至料面有水珠向两边流出，料层底部有水珠渗出。喷水后，打开门窗通风换气，使料面温度保持 28℃左右 5～6 个小时。待料面水珠风干后，关闭门窗，使料面温度回升至 33℃，保持 12 个小时左右，让菌丝恢复生长。喷催菇水可促进草菇子实体形成，同时增加培养料的含水量，有利于草菇的生长发育，达到高产、稳产。特别要注意的是，喷水后不能马上关闭门窗，否则会因为喷水后湿度大和温度回升过快导致大量气生菌丝发生，影响草菇子实体形成，严重时会导致大幅度减产。

在正常情况下，播种第 10 天左右可明显地看到小粒状草菇子实体原基，此时应注意保温保湿，并适当通风透气。当开始形成原基后，增大湿度，以向空间、地面喷水为主，尽量不要将水喷洒到料面的原基上，因为原基对水特别敏感，喷量稍大，原基沾上水珠容易死菇。

出菇期室内温度应控制在 28℃～33℃，低于 28℃时，子实体生长受阻甚至停止生长，空气相对湿度应控制在 85%～90%。此外，草菇子实体生长期间要有充足的氧气，需加大通风量，降低棚室内二氧化碳浓度，以免出现畸形菇。为了保持菇房内的湿度，最好通风前向空间及四周喷水，然后再打开门窗进行通风，风的强弱以空气缓慢对流为好。当料面太干、空气湿度低于 80%的情况下，应当雾状向空间喷水，以增大湿度，但不可以过量，过量则会使小菇蕾窒息而萎缩，从而降低产量。当水温与室温相差较大时，需调节喷雾用水的温度。

草菇子实体的形成、生长发育，均需要一定的散射光以刺激草菇子实体形成。光照强度，通常 30 平方米左右的菇房一个过道需用 2 支 40W 的日光灯，垂直悬挂在菇架上可满足需要。如果菇房的透光度好，只需在夜间开灯。如果透光较差或在阴雨天气，需全天开灯。

图 10-2　草菇出菇

（二）大棚畦式栽培

在夏季，很多地区的蔬菜大棚处于闲置状态，在这期间栽培草菇，不仅提高了大棚的利用率，还能增加效益。

1. 菇畦准备

菇畦设在蔬菜大棚内，菇畦宽 1 米，畦深 15～20 厘米，长度视大棚而定，畦与畦之间过道宽 30 厘米，畦底做成龟背形。畦床做好后，在畦底及畦床四周撒一薄层石灰粉灭菌杀虫。大棚上盖好薄膜或草帘、遮阳网以保温保湿。

2. 铺料与播种

将预先发酵好的培养料摊开降温，温度降至 35℃～37℃时即可铺料。先在畦底铺一层发酵料，上面铺一层菌种，如此下去，一层培养料一层菌种分层铺放，总共铺 3 层料，播 2 层菌种，成“2 种 3 料”的夹心播种形式，第二层菌种稍多些，料床总体厚度为20厘米左右。料床表面采用穴播进行播种，每穴间距10～15厘米，使料面有较强的菌丝优势，以不利于杂菌生长，并尽量做到均匀一致。菌种播完后用木板轻拍，使菌种和培养料结合紧密，以利菌丝定植。

3. 覆土

覆土时间在播种1～2天后进行，此时菌丝恢复正常生长。覆土材料要求土质疏松，腐殖质含量丰富，沙壤质，含水量适中，即手握成团、触之即散的程度，土粒直径0.5～2厘米为宜。覆土材料加入2%的生石灰调pH值至8左右，经堆闷消毒、杀虫后使用。处理好的覆土材料应及时使用，不宜长时间存放，若一时用不完，应放在消过毒的房间内，存放时间不超过5天。覆土厚度1厘米左右，覆土后喷水至土壤湿润，达到湿而不黏、干而不板的程度，盖上塑料薄膜保温保湿。

4. 发菌期管理

覆土后一般2天内不揭膜，以保温、保湿、少通风为原则。保持大棚里的空气相对湿度不低于80%，同时要每天检查温度，气温宜保持在30℃～34℃，料温宜保持在33℃～38℃，温度不能超过40℃也不要低于30℃。接种后第4天左右，揭去薄膜，通风20～30分钟后向料面喷雾状水，以料面湿润为宜。

5. 出菇管理

覆土第5天左右喷催菇水，水量可稍大一些，喷水后要适当通风换气，增加散射光照，诱导草菇原基形成。当料面形成小白点的原基，此时保持大棚内空气相对湿度在80%～90%，在走道及菇畦边喷水增加湿度，根据培养料的湿度及大棚内湿度决定用水量，喷水最好用0.5%的石灰水，喷时要喷头向上，禁向草菇子实体直接喷水，勤喷细喷，促进子实体生长，当菇棚内的温度超过35℃时，要及时通风。随着子实体的生长，大棚内的湿度也要随之增加。既要防止强风直吹畦面，又要避免阳光直射。

一般覆土后 10 天左右开始采收。

6. 采后转潮管理

第 1 潮草菇采收结束后，清除菇根和死菇，再用 pH 值 8～9 的石灰水进行料面喷水，用水量要根据床料的湿度而定，要求喷水的水温与料温相同且 1 天内完成；培养料的含水量在 65%左右；然后覆盖薄膜管理 2～3 天，每天掀膜 1～2 次，待菇蕾长至黄豆大小时揭膜，加强保湿与通气管理，继续进行后续出菇管理。一般可采收 2～3 潮菇，头潮菇的产量占全期产量的 60%以上，第 2 潮占 30%以上，故抓好草菇第 1、第 2 潮的管理是草菇大棚畦式栽培高产的关键。

四、采收与加工

采收标准：采收后在当地当天销售的，可在草菇菇体由硬变松、包膜未破的蛋形期向伸长期过渡这一阶段采收。若需较长距离运输或加工的，应在蛋形期，质地较硬、菇体呈圆锥形时采收。

采摘时，最好一手按住草菇着生的基部，另一手将草菇拧转摘起。不能像拔草一样向上用力拔，否则会使周围的培养料松动，影响旁边菇的生长。若是丛生菇，最好等大部分可摘时一并采收，或用小刀将可收的菇切下。采收后的草菇应及时用刀切去基部的杂质，分级后并置于 15℃～18℃环境保藏。

目前草菇以鲜销为主，鲜品保存时间短，不易储藏，及时销售。也有用于加工，加工的方法有盐渍、罐头加工等。

五、杂菌与病虫害防治

草菇栽培过程中，竞争性杂菌鬼伞类包括黑汁鬼伞、粪污鬼伞、长根鬼伞等，子实体呈伞状，生长快，其生活周期比草菇短 2～3 天，一般在播种后 1 周或出菇后出现，鬼伞会严重影响草菇子实体的生长。鬼伞主要靠空气及堆肥传播，培养料发酵时过湿、过干或含氮量过高等均会引起鬼伞的发生。菇床上一旦发生鬼伞要及时拔除，以防蔓延，并用50%石灰水进行局部消毒。草菇还易遭到侵染性的霉菌、螨类和虫害侵害。

预防措施：做好菇房周围环境卫生，将菇房内的杂菌、害虫杀灭；严格按草菇栽培技术要求进行操作；同时二次发酵要彻底。

第十一章　大球盖菇轻简化栽培

第一节　概况

大球盖菇（*Stropharia rugosannulata*）又名皱环球盖菇、酒红球盖菇，民间俗称“赤松茸”，为草腐菌类，是国内外菇类交易市场十大菇类之一，也是联合国粮农组织（FAO）向发展中国家推荐栽培的主要食用菌品种之一。

1. 分类地位

菌物界，担子菌门，担子菌亚纲，伞菌目，球盖菇科，球盖菇属。

2. 形态特征

子实体单生、丛生或群生，菌盖近半球形，后扁平，直径5～15厘米。菌盖肉质，湿润时表面稍有黏性。随着子实体逐渐长大，菌盖渐变成红褐色或暗褐色，老熟后褪为褐色至灰褐色。菌肉肥厚，色白。菌褶直生，排列密集，随菌盖平展，逐渐变成褐色或紫黑色。菌柄近圆柱形，靠近基部稍膨大，柄长5～20厘米，柄粗0.5～4厘米，菌环以上白色，近光滑，菌环以下带黄色细条纹。菌环膜质，较厚或双层，位于柄的中上部，白色或近白色，上面有粗糙条纹。孢子印紫褐色，孢子光滑，棕褐色，椭圆形。顶端有明显的芽孔，厚壁，褶缘囊状体棍棒状，顶端有一个小突起。

3. 营养成分

大球盖菇富含蛋白质、多糖、矿质元素、维生素等生物活性物质。据文献报道，大球盖菇子实体粗蛋白含量为25.75%，粗脂肪为2.19%，粗纤维为7.99%，碳水化合物为68.23%，氨基酸总量为16.72%，氨基酸种类达17种，人体必需氨基酸齐全。矿质元素中磷和钾含量较高，分别为3.48%和0.82%。生物活性物质中的总黄酮、总皂苷及酚类的含量均大于0.1%，每100克大球盖菇中牛磺酸和维生素C含量分别为81.5毫克、53.1毫克。

4. 生长发育条件

（1）温度：大球盖菇菌丝生长温度范围为5℃～36℃，最适宜生长温度范围为24℃～28℃，在10℃以下和32℃以上生长速度下降，高于36℃，菌丝停止生长，高温时间持续延长会使菌丝体死亡。子实体形成温度范围4℃～30℃，原基形成的最适宜温度为12℃～25℃，在适宜生长温度范围内，温度20℃～25℃，子实体生长迅速，菇体小易开伞；温度12℃～20℃，子实体生长慢，菇体肥大，商品价值高。

（2）湿度：培养料含水量范围为60%～70%，最适宜的含水量是65%～68%。子实体形成和发育阶段，适宜空气相对湿度为85%～90%。

（3）光照：大球盖菇菌丝体生长期不需要光照，子实体形成和生长发育需要一定的散射光照射，散射光照射对原基形成分化有一定的促进作用。

（4）空气：大球盖菇属于好氧性真菌，菌丝生长阶段对通气要求不敏感，可以耐受较高的二氧化碳浓度。子实体生长发育需要通气良好，空气中的二氧化碳浓度要低于1500毫克/千克，二氧化碳浓度过高时，子实体发育会受到抑制。

（5）pH值：菌丝体和子实体生长适宜pH值为4～11，最适宜pH值为5～7。

第二节　发展历程

1922 年，美国首先发现并报道了大球盖菇。1980 年，上海市农业科学院食用菌研究所派科技人员赴波兰考察，引进菌种，并试栽成功，但未推广。其后福建省三明真菌研究所在橘园、田间栽培大球盖菇获得成功，取得良好收益，并逐步向省内外推广，目前在河北、福建、湖北、湖南等 10 多个省份都有栽培。

第三节　栽培技术

一、原料选择与处理

（一）常用配方

适宜的原材料有农作物秸秆，如稻草、麦秆、豆秆、玉米秸秆以及谷壳、玉米芯、亚麻秆等。

常用培养料配方如下：

①稻草/干麦秸秆/玉米秸秆 99%，石灰 1%。

②干稻草 50%、干麦秸秆 49%，石灰 1%。

③干稻草 85%、干木屑 14%，石灰 1%。

④干稻草 30%、谷壳 30%、大豆秆 30%、杂木屑 8%，石灰 2%。

以上配方要求 pH 值为 6～7，含水量 65%～70%。

（二）培养料处理

（1）浸料预堆：播种前稻草、麦秆、大豆秆、玉米秸秆等需切成2～3厘米的段用1%石灰水浸泡24～48个小时，自然沥水至含水量65%～70%；将沥干后的原料堆成宽1.5～2米，高1.5米，长度不限的料堆。

（2）发酵：播种前，培养料应进行发酵处理。在料堆顶部和两侧用木棍隔30厘米打若干通气孔（图11-1），堆料3～4天后温度开始上升，当料堆内温度达到60℃时，料内陆续出现白色放线菌，保持2天后进行第一次翻堆。翻堆时，将料堆中心与外层、底层的发酵料调换，重新建堆，同时调节好料堆的湿度，并用生石灰调节pH值至7.5。料堆建成后，扎通气孔。当料温再次达60℃以上时，保持48～72个小时，进行第二次翻堆，方法同第一次，至少翻堆2次。发酵过程检查发酵程度，若颜色变深褐，无氨味、酸味等其他异常气味，有大量白色放线菌（图11-2），手握发酵料疏松、无明显黏性，表明发酵完毕，应及时撤堆，降温调水，含水量在65%～70%，调节pH值至7.5左右，处理好的培养料应尽快使用，现发酵现用，提前发酵好的原材料栽培大球盖菇产量降低。

图11-1　打孔通气

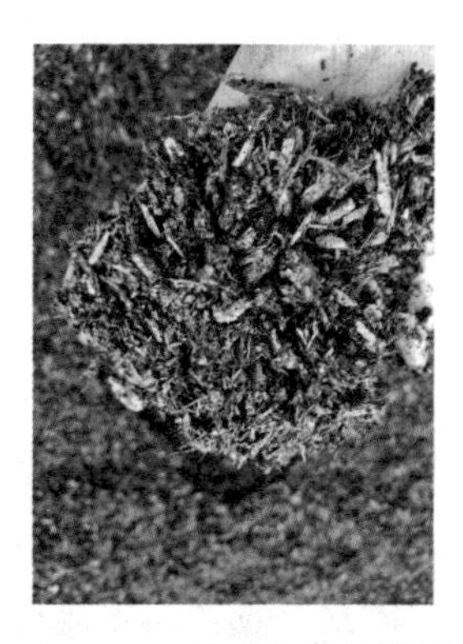

图11-2　发酵好的培养料

二、栽培季节与品种

栽培季节根据大球盖菇生物学特性、当地气候以及栽培设施等条件而定。大球盖菇属中低温型菌类，5℃～30℃均可出菇，气温超过30℃不利于出菇。一般播种期安排在9月下旬至次年3月份，出菇期在11月至次年5月份。北方栽培期可适当提前，终止期适当延长，南方则相反。在较温暖的地区可利用冬闲田，播种期宜安排在11月中下旬至12月初，使出菇高峰期处于春节前后，或按市场需求调整播种期，使出菇高峰期处于蔬菜淡季或其他食用菌上市量少的季节。

大球盖菇品种极少，目前市售菌种多来源于福建三明市真菌研究所当初引进的菌株ST0128后代，还有四川农科院从四川双流竹林下采摘的野生大球盖菇中选育的大球盖菇1号和黑龙江农科院选育的黑农球盖菇1号。

三、轻简化栽培

大球盖菇轻简化栽培主要以室外露天栽培方式为主，亦可采用大棚栽培。冬闲田、菜园地、林地、果园等均可作栽培场地，室外露天栽培方式不需搭棚遮阳，省工、省时，但受季节限制，产量、品质可控性差；利用设施大棚栽培大球盖菇，温光湿气便于控制，但投资成本相对高些。

1. 栽培场地

宜选择近水源、排水良好、不积水，水源无污染的地方进行栽培；栽培场地要避风、向阳、部分遮阴（三阳七阴），林地、果园最好选择树木成行的，遮阴效果好；选择土质肥沃、富含腐殖质而又疏松的地块，忌低洼过湿的场地。每亩撒石灰50千克和10千克0.7噻虫胺·氟氯氰颗粒杀虫剂杀灭螨类、菌蛆等地下害虫及杂菌。

2. 整地作畦

清除场地杂草、石块、树根等，在栽培场地四周开好排水沟，再对种植区域翻耕 20 厘米深，按照畦底宽 1.2 米，面宽 1 米作畦，畦面高 10～15 厘米，畦间距 30 厘米，畦与畦之间沟深 20～30 厘米。畦四周排水沟深度 40～50 厘米，畦面呈龟背形，中间高，两侧低便于排水。

3. 场地消毒

整地作畦后再对场地进行消毒灭菌，重点做好栽培场地的消毒和畦面土壤的杀虫杀菌工作，杀虫药剂不能使用有机磷农药敌敌畏、敌百虫、辛硫磷等。提前 1 周用 4.3％氯氟·甲维盐乳油 500 毫升/瓶、20％噻螨·哒螨灵乳油 500 毫升/瓶兑水 1000 千克，40％二氯异氰尿酸钠可溶粉 500 克/袋兑水 500 千克浇淋等方式对畦面土壤、空间、场地进行杀虫、杀菌。如有白蚂蚁，可在畦底撒放灭蚁药。

4. 铺料与播种

栽培料吸足水分，是菇床维持足够湿度的关键。将发酵好的栽培料铺在床面上。铺一层料播一层菌种，如此重复，共铺 3 层料，播 2 层菌种，底层铺料厚度为 8～10 厘米；将菌种掰成核桃大小，采用梅花形点播，穴深 5～8 厘米，穴距 10～12 厘米；中层铺料 10～12 厘米，再播 1 层菌种，上层料厚 4～5 厘米。增加播种穴数，可使菌丝生长更快。播种完毕，用木板拍平料面，并稍加压实呈圆拱形。用直径 3～4 厘米的木棒从料面垂直向料底打孔，孔距 10～25 厘米，便于发菌期间的空气流通。高温季节小间距多打孔，低温季节大间距少打孔，每平方米用干料 25 千克，菌种 500 克左右。

5. 覆土

播种 7～10 天菌丝少量出现在料面时可进行覆土。如果表面培养料偏干，看不见菌丝爬上料表面，可以轻轻挖开料面，检查中、下层料中菌丝，若相邻的两个接种穴菌丝已快接近，表示可覆土。土壤的质量对大球盖菇的产量有很大的影响。覆土材料要求肥沃、疏松，能够持水，腐殖土具有保护性质，有团粒结构，适合作覆土材料。

覆土方法：将预先准备好的土壤铺洒于菌床上，厚度 2～4 厘米，覆土后必须调整覆土层湿度，要求土壤的含水量 20%～25%。土壤持含水量的简便测试方法是用手捏土粒，土粒变扁但不破碎，也不黏手，表示含水量适宜。

覆土完成后把准备好的稻草覆盖在畦面上，以将畦面完全覆盖为标准，达到锁住水分和保温的作用。

6. 发菌管理

大球盖菇播种 2～3 天后，菌种开始萌发，菌丝活力较弱，在这一阶段要求料温为 22℃～28℃，7 天左右菌丝吃料开始定植生长，覆土后 15～20 天即可见到菌丝露出土面。发菌期间应根据实际情况采取相应调控措施，保持适宜的温度促进菌丝生长，菌丝繁殖过程中会产生大量呼吸热，这期间每天早晚要检查料堆的温度变化情况，防止高温烧菌，若温度过高要进行扎孔透气排热，当堆温低时，在早晨及夜间加厚草被，并覆盖塑料薄膜保温。

菌丝培养阶段及出菇阶段地块湿度控制可以通过向沟内灌水来调节，以土壤湿度来判定是否需要灌水及灌水多少，当土壤湿度达到 30%的栽培地块，播种覆土后不需要灌水；对于土壤湿度达不到 30%的栽培地块，需要进行灌水，沟内水位要控制在 2～3 厘米。播种后 20 天左右要将水位保持在 5 厘米左右，待菇床上的菌丝量明显增多，占据培养料的 1/2 以上时，将沟内水位提升到 8 厘米左右的高度。发菌期间要经常进行巡视检查，如果发现菇床表面的稻草干燥发白，要及时地调节水位。注意菇床内水位不要超过 10 厘米，否则会造成菌丝衰退，影响出菇质量。

碰到下雨天气，要及时开沟排水，以降低水位。

土壤湿度约为30%的判定方法：用手抓一把土用力攥一下，土壤会变成团状，再扔在地上，土团没有散开就说明土壤湿度合适。

7. 出菇管理

一般播种后45天左右即可出菇，如土层上覆盖有稻草，待菌丝全部露出土面后，此时菌丝开始形成菌束，并扭结形成大量白色子实体原基，在保持畦面土壤的湿度时，要轻微移动覆盖的稻草，以便表层菌丝倒伏，使菌丝从营养生长转向生殖生长。大球盖菇出菇的适宜温度为12℃～25℃，季节不同出菇期表现差异较大。菇蕾发生初期呈白色黄豆大小，子实体幼菇常有乳头状的小突起，丛生或群生，少量单生，此时，保湿和通风透气是保证大球盖菇产量和品质的关键。大球盖菇在出菇期需提高畦面湿度，空气相对湿度要控制在85%～90%。采用稻草覆盖畦面，需掀开覆盖物检查覆土层的干湿情况。若覆土层干燥发白，必须适当喷水，使之达到湿润状态。采用沟内灌水加湿，沟内水位应保持在8厘米以上，但最高不能超过12厘米，以避免水浸泡到菇体，影响菇的产量和质量，在雨后要及时开沟排水控制水位。

随着菇体逐渐长大，菌盖逐渐变成红褐色或酒红色。黄豆大小幼菇出现后，以保持覆土层及覆盖稻草湿度为主，每天勤喷小水，不能大水喷浇，易造成幼菇死亡。

出菇期喷水、通气、采菇等常会翻动稻草覆盖物，在管理过程中要轻拿轻放，特别是床面上有大量菇蕾发生时，可用竹片使覆盖物稍隆起，防止碰伤小菇蕾。

8. 转潮管理

一潮菇采收结束后，清理畦面的病菇、死菇，停止喷水以便养菌，恢复菌丝活力。5～7天后开始下一轮出菇管理，管理方法与第一潮菇方法相同。经过16～18天，开始出第二潮菇了，可连续采收2～4潮菇。

注意事项：原料中心偏干时，可采用灌水或采取扎孔洞的方法，让水浸入料中部，使偏干的中心料在适量水分作用下加速菌丝的生长，形成大量菌丝束。但也不能长时间浸泡或一律重水喷灌，避免大水淹死菌丝体，使基质腐烂。

四、采收与加工

成熟的大球盖菇菌盖外一层菌膜刚破裂，菌盖内卷未开伞时，宜抓紧采收。采菇时用左手压住物料，右手指抓住菌脚轻轻转动，再向上拔起。除去带土菌脚即可上市鲜销，也可制成盐渍品或烘干成干菇。

（1）鲜销。将大球盖菇清理装箱，注意要分级分层，各层间包装纸需隔开，装泡沫箱为好。需冷链运输，冷库2℃～4℃处理至少4个小时以上。

（2）盐渍。盐渍保存需杀青，以5%食盐沸水杀青，腌制，转缸贮存。

（3）干制。大球盖菇的菇体含水量较高，不适合用晒干的方法加工，宜选用烘干机或电热鼓风干燥机在烘房内进行机械烘干。烘烤时按设备要求控制好温度，避免菇形损坏、色泽发黑，影响商品价值。确保菇体干燥度均匀一致，用手轻折菇柄易断，并发出清脆响声为佳，一般9千克鲜菇烘1千克干菇，成品密封分装。

五、病虫害防治

大球盖菇抗性强，易栽培，一般不会发生严重的病虫害，但在出菇前后，偶尔也会见到一些竞争性杂菌如鬼伞、盘菌、裸盖菇等，发现鬼伞等竞争性杂菌时，应及时拔除。

害虫主要有螨类、跳虫、蚂蚁、蛞蝓等。鲜菇出现孔洞、缺损、畸形，菌丝和原基萎缩，子实体生长停止等现象，可采用诱杀、驱赶等方法：螨类和跳虫可用安全药物进行诱杀，蛞蝓可用10%食盐水喷洒驱赶，蚂蚁用红蚁净撒在蚁路或蚁窝内，白蚁用白蚁粉喷入蚁巢杀灭，老鼠用杀鼠醚饵料诱杀。

第十二章　姬松茸轻简化栽培

第一节　概况

姬松茸（*Agaricus blazei* Murrill.）又名巴西蘑菇、柏氏蘑菇、小松菇等，为草腐菌类。

1. 分类地位

菌物界，担子菌门，层菌纲，伞菌目，蘑菇科，蘑菇属。

2. 形态特征

子实体单生或群生，伞状。菌盖直径3.4～7.4厘米，菌盖厚0.65～1.3厘米，菌肉白色，菌盖初时为浅褐色，扁半球形，成熟后呈棕褐色，有纤维状鳞片。菌柄生于菌盖中央，近圆柱形，白色，初期实心，后中松至空心，柄长3.9～7.5厘米，直径0.7～1.3厘米。菌褶离生，极密，宽5～8毫米。

3. 营养成分

新鲜子实体含水分85%～87%；可食部分每100克干品中含粗蛋白40～45克、可溶性糖类38～45克、粗纤维6～8克、脂肪3～4克、灰分5～7克；蛋白质组成中包括18种氨基酸，人体的8种必需氨基酸齐全，还含有多种维生素和麦角甾醇。

4. 生长发育条件

（1）温度：姬松茸属中偏高温型品种，菌丝生长温度范围15℃～32℃，最适温度为22℃～23℃，子实体生长发育温度16℃～26℃，最适宜温度为18℃～21℃。

（2）湿度：培养料含水量为60%～65%，含水量过高，菌丝生长过慢，对出菇有不良影响。菌丝生长阶段，空气相对湿度为65%～75%。子实体生长发育阶段，覆土含水量为65%，空气相对湿度为85%～90%。

（3）空气：姬松茸为好氧性菌类，对二氧化碳的耐受力较差，覆土层的透气性对子实体形成有较大的影响，只有在氧气充足的条件下才能多出菇。

（4）光照：菌丝体生长阶段不需光照，但子实体形成和生长发育，需要300～600勒克斯散射光。

（5）pH值：菌丝最适pH值为6～6.8，子实体形成的最适pH值为6.5～7.5；覆土的pH值在6.5～6.8最合适。

第二节　发展历程

姬松茸原产于南美洲的巴西、秘鲁等地，主要分布于草原，当地人称为“阳光蘑菇”。20世纪90年代，我国福建省农科院食用菌中心从日本引进了姬松茸菌种，对姬松茸进行了全面的栽培研究，并在国内首次人工栽培成功。近几年，云南、安徽、湖北、贵州、湖南等地引种推广，促使姬松茸栽培面积不断扩大，产业迅速发展壮大。

第三节　栽培技术

一、原料选择与处理

（一）常用配方

可用于栽培姬松茸的主要原料有稻草、麦秆、豆秆、玉米秸秆、甘蔗渣、棉籽壳等。要求栽培原料新鲜、无霉变，预先收集晒干备用。栽培辅料有牛粪（干）及米糠、麦麸、石膏粉、碳酸钙、石灰粉等。

常用的培养料配方如下：

①麦秆 60%、稻草 20%、干牛粪 15%、麸皮 3%、过磷酸钙 1%、石灰 1%。

②稻草 30%、木屑 30%、甘蔗渣 30%、麦麸 5%、硫酸铵 2%、过磷酸钙 2%、石灰 1%。

③玉米秸秆 36%、棉籽壳 36%、麦秆 11%、干牛粪 15%、碳酸钙 0.5%、尿素 0.5%、石灰 1%。

④稻草 73%、麸皮（米糠）10%、菜籽饼粉 10%、尿素 1%、过磷酸钙 1%、石膏 2%、石灰 3%。

上述配方 pH 值为 6.5～7.5，含水量 60%～65%。

（二）培养料处理

1. 培养料预湿处理

（1）粪料预湿：正式堆制前 2～3 天将干制牛粪摊在堆料场，用人工打碎或机械粉碎，边粉碎边洒水，使其初步预湿。再将初步预湿的牛粪作堆，堆高 0.5～0.8 米，宽为 1.5～1.8 米，长度不限。

（2）主料预湿：长麦秸秆、玉米秸秆应于作堆前 3～4 天预湿，摊开秸秆料，喷洒 1%～2%的石灰水，并结合石磙碾压；亦可把秸秆料投入浸料池中，待充分吸水后捞出，沥至不滴水备用；玉米芯、棉籽壳或锯木屑等主料的预湿可以用搅拌机拌料；整稻草于 2～3 天前预湿，切短的秸秆应于 1～2 天前预湿。主料的预湿料水比为 1∶1～1∶1.2 为好，过湿会造成料液流失，作堆后通气性不好。

辅料一般不需预湿，麦麸、饼粉、碳酸钙、磷肥等辅料直接撒于料层中。尿素等添加剂可直接溶水拌入料中。石灰粉可以分次加入，第一次与麦麸等料混合加入，第二次为最后一次翻堆时加入。

图 12-1　牛粪晒制

2. 培养料一次发酵

选择排水便利、水源方便的地方整畦建堆。①在畦中央开一条宽 40 厘米、深 30 厘米的坑，坑上铺上竹块，然后以坑为中心，一层秸秆草料 15～20 厘米，一层牛粪 3～5 厘米，再撒一薄层辅料，依次重复，堆成宽 1.2～1.5 米，高 1～1.2 米，长度不限的发酵堆。②翻堆：通常在建堆后的 4～6 天进行第一次翻堆，春栽低温时需要 5～7 天进行第一次翻堆，再间隔 5～6 天后进行第二次翻堆，第二次翻堆后视发酵情况决定是否进行第三次翻堆。翻堆的原则：将下面的料翻到上面，四周的料翻到中间，中间的料翻到外面，把牛粪、饼粉、草等充分抖松拌匀，目的是调节水分，散发臭气，增加新鲜空气，促进有益微生物的生长发育。翻堆时应多点检查 15～20 厘米以下的堆料温度是否上升至 70℃或以上。第一次翻堆，要适当调节堆料含水量，以手握料，指缝间能挤出 6～7 滴水为宜。第二次翻堆，仅在四周及个别干的地方补充水分。培养料中所需的硫酸铵、尿素、石膏粉，应在第一、二次翻堆时加入，并翻拌均匀；石灰粉应在第二、三次翻堆时，均匀加入。

培养料发酵完成的标准：

感观标准：腐熟至六七成熟，草料为黄褐色或棕褐色；草质柔软，草形仍在，有一定弹性和韧性，一扯即断；手握发酵料，指间可见水分溢出，成滴但不滴下；

检测标准：pH 值 7～7.5；含水量 65%～70%；含氮量 1.5%～2%。

二、栽培季节与品种

栽培季节应根据姬松茸菌株特性、当地气温及具体情况来安排。北方地区春栽安排在 3～5 月，秋栽一般为 7～9 月。南方地区春栽在 3～4 月，5～6 月出菇；秋栽在 8～9 月播种，10～11 月出菇。各地气温差异较大，播种期要灵活掌握，一般播种后 50 天左右开始现蕾出菇。

主栽品种：

（1）Ab9101：出菇温度在 15℃～30℃，褐色，朵大，不易开伞，肉质结实。

（2）姬松茸 1 号：出菇温度在 22℃～26℃，朵形较小，柄较长，肉质结实，光滑圆整不易开伞。

（3）姬松茸 2 号：出菇温度在 22℃～26℃，朵形较大，柄较粗短，肉质松脆富含姬松茸多糖等物质。

（4）姬松茸 13 号：出菇温度在 18℃～28℃，朵形中等，出菇快，整齐，不易开伞。

三、轻简化栽培

姬松茸轻简化栽培主要以室内床架栽培为主，亦可采用室外菇棚畦式栽培。近几年还出现浅沟栽培及与农作物套种等新的栽培方式。由于春季湿度较高，畦床栽培透气性差，单产不如床架式栽培产量高；而在秋季因气候干燥，畦床的保湿性能较强，单产反而比床架式栽培的产量要高。畦床栽培面积大，但不能有效地利用栽培空间，在同等栽培面积上的总产量不如床架式高。因此，为了提高经济效益，轻简化栽培以室内床架栽培为好。

1. 场地选择

场地应选择交通方便、离水源近、周围较开阔、有足够的堆肥场、地势高、排水或排污方便、水电设施完善的地方。菇房朝向应坐北朝南，利于通风换气，又可提高冬季室温，避免春秋季节干热的南风直接吹到菇床，还可以减少西斜日晒。

2. 菇床规格

菇房内设计床架，每架 5～6 层，底层离地面 10～15 厘米，层间距离以 60～65 厘米为宜，最高一层距房（棚）顶 1 米左右。两侧采菇的床面宽 1～1.2 米，每间菇房（棚）栽培面积以 100～200 平方米为宜。

图 12－2 竹制大棚搭建

图 12－3 搭建好的姬松茸大棚

3. 杀菌消毒

①栽培菇房（棚）周围环境消毒，生产季节到来前，彻底清除栽培菇房周围培养料、菌袋废料及垃圾等，集中到一处焚烧或深埋，并在菇房四周及潮湿处喷洒 3%～5%的石灰水；隔 5～7 天再喷 1 次 5%漂白粉液，多年连续使用的出菇场地，应注意多

种消毒液交替使用。

②栽培场地消毒：用5%浓度的石灰水对菇床、培养架及四周墙壁、房（棚）顶进行刷洗后，对整个场地进行1次熏蒸，消毒后打开门窗，通风换气。在铺料前，用气雾消毒剂再进行1次综合熏蒸消毒。

4. 培养料二次发酵

二次发酵又称后发酵，一般在菇房（棚）密闭条件下加温进行。将一次发酵好的培养料迅速搬进菇房，堆放在已消毒过的中间层床架上，最上和最下一层暂不堆放，料堆高30～50厘米，条垄式或平铺式堆放均可，但必须使料堆疏松。当料温达到45℃时，立即给菇房增温，使菇房在10～12个小时内达到62℃～65℃，升温后保持6～10个小时。可以用多个烧旺、无烟雾的煤炉，置于室内多个方位加热升温。为了增加室内湿度，可在每个煤炉上放一只水锅，也可采用2～3个废油桶作成蒸汽发生器或直接用锅炉，用管道往室内送蒸汽。升温阶段结束，开窗通风，待室温降至48℃～52℃，关闭门窗，控温保持4～5天，后发酵完毕。打开门窗及通风口，增加室内通风，使室内温度降至常温。

二次发酵的原理是根据有益微生物的生长温度条件，通过人工加温，将培养料内温度升至58℃～62℃，维持6～10个小时；然后通风降温至48℃～52℃，维持4～5天。即前期为巴氏消毒，后期为控温培养。58℃～62℃下的作用一是在高温条件下，使大部分病原菌、害虫和虫卵受热死亡，从而减少在栽培过程中出现病虫危害；二是前期发酵未完全腐熟的培养料继续被微生物分解，形成腐殖质，供姬松茸菌丝生长利用。

5. 铺料与播种

将发酵好的培养料从中间床架向上下层架散堆，逐层搬料散开，直至所有层床架都摆上料，再将各层床架上的培养料铺平，料层厚度 15～20 厘米。

播种一般采用混播和撒播相结合。将 70%的菌种均匀撒在料面上，把培养料用耙子刨松，与菌种充分混合均匀，刨松菌床料层不超过 8 厘米，并把剩下 30%的菌种均匀撒播在表层料面上。随即把料床整平，用木板稍稍压平压实，使培养料与菌种充分结合。菌种用量要足，混播与撒播要均匀，播种后立即覆盖薄膜保湿发菌。

6. 培菌管理

料温控制最高不超过 28℃，最低不低于 15℃。可用 7 支 0℃～100℃的水银温度计，其中 4 支分别插于室内 4 个不同方位的中间一层菇床培养料中，穿过覆盖薄膜，插入深度 5～8 厘米；另外 3 支温度计分别插于室内中间菇床上、中、下三个不同层架的培养料中，方法同前。播种后 3～4 天内要紧闭门窗，堵上通风口，以减少室内水分散发；每天早晚各 1 次开窗通风 0.5 个小时，当菌丝开始由点向外蔓延时，应增加室内通风量，并使室内空气新鲜，不能有“闷人”的感觉，保持室内空气湿度在 80%～85%，培菌前期稍高，后期稍低。在黑暗条件下，菌丝生长旺盛、粗壮，故应将室内窗门用布或报纸遮挡，为发菌制造相对暗的环境。

7. 覆土管理

播种后一般 18～20 天菌丝布满 2/3 的料层即可覆土。选择持水力强、透气性好的土壤作为覆土材料，其含水量 20%～25%。先向菌床上覆盖一层直径 1.5～2 厘米的粗土，土层厚 2.5～3 厘米，再在粗土层上覆盖一层直径 0.5～1 厘米的细土，土层厚 1.5～2 厘米，两层土同时覆完，总厚度 3.5～4 厘米，每 100 平方米菇床共需求 4～5 立方米的覆土材料。覆土后 7～10 天内，通过控制室温而调节料温，室温控制在 23℃～27℃，空气相对湿度保持在 85%左右，室内仍保持较黑暗环境。覆土后

15～18天，菌丝已穿透覆土层，原基开始形成，应给予光照刺激，增加一些散射光。逐步去掉菇房窗口遮盖物，将室温控制在20℃～24℃，料温为22℃～25℃；同时提高湿度至90%～95%。当土层表面出现大量米粒状原基时，转入出菇管理。

8. 出菇管理

菇房温度应尽量控制在22℃～25℃。在原基和菇蕾生长期，不能直接向菇床喷水，应调细喷头，向室内空中、墙壁等处喷雾状水，让水珠自然落下，以见到菇体和床面湿润，床面不积水为度，气温适中、天气干燥时多喷，气温偏高或偏低，阴雨天、闷热天则少喷；菇床中上层或四角菇床，宜轻喷、少喷。一天喷水1～2次，气温高时宜早晚喷，气温较低时宜上、中午喷。当原基处于米粒大小时，此时喷水称“出菇水”，每天每平方米菇床喷水量以600毫升为宜，此时持续喷出菇水2～3天，促使原基长大；当原基长到黄豆粒大小的幼蕾期时，每天每平方米菇床应喷水650～700毫升，一般连续喷2～3天。后面为成菇期，应根据菇体生长情况、当时气候条件、菇房保湿及通风状态等而定，以勤喷、少喷为主。一般应保持菇床的湿润状态，但不能让水珠停留在菇体上，每次喷水后立即通风、降温、降湿，以减少病害发生。

子实体发育期间，呼吸量约为菌丝生长期的3倍，所以菇房通气量应随着子实体发生量增多而加大，流过菇床表面的气流尽可能均匀，风速平缓。姬松茸出菇阶段要求有适当的光照强度，一般光强为300～600勒克斯的散射光为宜。

四、采收与加工

姬松茸的出菇周期大约10天左右，即出现菇蕾10～12天采收第一批菇。出菇期持续3～4个月，每潮相隔14～19天，第一潮占总产量46.20%～49.33%，第二潮占总产量26.22%～

34.8%，以后每潮逐渐减少。姬松茸的采收时期为菇盖刚离开菇柄之前的菇蕾期，即菇盖含苞尚未开伞，表面淡褐色，有纤维状鳞片，菇褶内层菌膜尚未破裂时采收为宜。采收方法为一只手按住基部培养料，另一只手握住子实体轻轻转动即可，采收后的鲜菇要立即用利刀削去根部泥土或杂物，采收后应及时清除菌袋内菇脚及残次菇，整理土面（补土），停止喷水，干 2～3 天，再进行下一潮菇的管理。

图 12－4　姬松茸采摘

姬松茸鲜品保存时间短，不易储藏，如不能及时鲜销可以进行烘干，避免菇体变褐和开伞。干燥的菇要求不焦黄、不破碎，含水量在 11%～13%，即用手捏即成粉末。

干品包装与贮藏：①包装。烘烤出来的干菇，要及时包装贮藏，防止受潮变质。包装干菇的箱为纸箱，先在箱内放一个塑料袋，或复合膜包装袋，将干品装入塑料袋或其他材料的袋内，扎好袋口，再封好纸箱即成。最后，放在干燥的库房内贮存，防止受潮和虫鼠危害。②贮藏。干品若不能及时销售，放置时间长了，因菇体中含有多酚氧化酶，吸收氧气后，便发生氧化作用，使菇体变为褐色，从而使干品的质量下降。为了避免干菇变色，应将干品放入冻库内，保持温度在1℃～6℃，这样可减慢褐变。

五、病虫害防治

姬松茸在栽培过程中容易发生生理性病害：①二氧化碳病。姬松茸正常生长发育需要吸收氧气，排出二氧化碳。菇房长期通风不良，氧气不足，导致二氧化碳浓度增高，会影响子实体正常生长发育。二氧化碳浓度过高时，菇柄伸长，菇盖缩小，形成钉头菇或部分幼菇死亡。②硬开伞。在温度突变或昼夜温差过大的情况下，未成熟的子实体菌膜易与菌柄脱落，形成硬开伞。低温时喷水过多，也易产生硬开伞。在低温期间不要对床面喷水过量，夜间注意关紧门窗，防止冷风吹袭菇房。

姬松茸还易遭胡桃肉状菌、棉絮状菌、绿霉菌、菇蝇、螨虫、线虫等病虫害危害。胡桃肉状菌的防治需要控制培养料含水量在60％、pH值在7.5左右，将培养料进行二次发酵后拌入干料重0.2％的多菌灵。

第十三章　竹荪轻简化栽培

第一节　概况

竹荪［*Dictyophora indusiata*（Vent.）Desv.］，又名竹参、竹花、面纱菌、竹菇娘等，为腐生菌类。

1. 分类地位

菌物界，担子菌门，伞菌纲，鬼笔亚纲，鬼笔目，鬼笔科。

2. 形态特征

子实体单生或群生。成熟的子实体由菌盖、菌裙、菌柄和菌托组成。菌蕾近圆形或卵形，表面污白色至灰褐。菌盖帽形、钟形，四周有显著网格，菌柄圆柱形，白色，海绵质，中空，菌裙呈网状，菌托白色，基部有根状分枝的菌索。

3. 营养成分

竹荪子实体香甜味浓、酥脆适口，富含蛋白质、碳水化合物、氨基酸等营养物质，每100克鲜竹荪中含有粗蛋白20.2%，高于鸡蛋，含有粗脂肪2.6%、粗纤维8.8%、碳水化合物6.2%、粗灰分8.21%，还含有多种维生素和钙、磷、钾、镁、铁等矿物质。竹荪具有很高的药用价值，有补益、抗过敏、降低高血压、降低胆固醇等功效，子实体中含有多种酶和高分子多糖，可增强机体对肿瘤细胞的抵抗力，具有良好的防癌、抗癌作用。

4. 生长发育条件

（1）温度：竹荪菌丝生长温度范围5℃～35℃，子实体发育温度范围15℃～35℃，品种不同对温度的要求存在较大差异。长裙竹荪菌丝生长最适宜温度20℃～25℃，子实体发育最适宜温度22℃～23℃；红托竹荪菌丝生长最适宜温度24℃～25℃，子实体发育最适宜温度20℃～21℃；棘托竹荪菌丝生长最适宜温度25℃～30℃，子实体发育最适宜温度25℃～32℃。

（2）湿度：竹荪生长的湿度包括培养料含水量、土壤含水量和空气相对湿度。菌丝生长期间，培养料适宜的含水量为60%左右，含水量高于70%时，透气性差，菌丝缺氧不易向下生长。土壤含水量对菌丝的影响与培养料相同，菌丝生长阶段，控制在15%～20%。子实体形成阶段，培养料含水量提高到70%～75%，土壤含水量20%～25%，空气相对湿度保持在85%～90%，特别是破球、出柄和撒裙期需较高的湿度。

（3）光照：竹荪菌丝体生长不需要光线。在黑暗条件下，菌丝体洁白；在有光照的条件下，菌丝产生色素、老化，生长速度减慢。子实体发育阶段需100～200勒克斯的散射光。

（4）空气：竹荪是好氧性真菌，菌丝体和子实体生长均需消耗大量氧气，在菌丝生长转向生殖生长时，耗氧量更大。

（5）pH值：竹荪适合在偏酸性的环境中生长，菌丝体阶段以pH值5～6最适，其中长裙竹荪与红托竹荪最适pH值分别为5.2和5～5.2。子实体发育时适宜的pH值为5～5.5，栽培时应注意将培养料调到微酸状态。

第二节　发展历程

历经几十年的艰辛探索，棘托、红托、长裙、短裙等多种竹荪人工驯化栽培成功。20 世纪 80 年代，贵州科学院生物所工作人员，采用阔叶树段木栽培棘托竹荪成功。1985 年，贵州织金县城郊竹林中野生清香型红托竹荪人工驯化栽培取得成功。1991 年“全国竹荪产销信息与新技术交流会”在古田县召开，国内 13 个省市的 260 名专家教授参加，将“古田模式”的生料栽培竹荪新技术，迅速普及到大江南北 20 多个省。

第三节　栽培技术

一、原料选择与处理

（一）常用配方

适合栽培竹荪的原材料主料有竹类（竹竿、竹枝、竹屑、竹叶等）、农作物秸秆类（谷壳、棉花秆、大豆秸、棉籽壳、玉米秸秆、玉米芯、高粱秆等）和野草类（芒萁、芦苇等），辅料有石膏、过磷酸钙等，在选料时，可因地制宜就地取材。

常用培养料配方如下：

配方 1：竹类 50%、玉米芯 40%、豆秸 9%、石膏粉 1%。

配方 2：竹类 50%、棉籽壳 30%、芦苇 19%、石膏粉 1%。

配方 3：芦苇 50%、竹类 35%、棉花秆 14%、石膏粉 1%。

配方 4：竹类 40%、高粱秆 35%、棉籽壳 24%、石膏粉 1%。

配方 5：竹类 40%、谷壳 40%、玉米秸秆 19%、磷酸钙

1%、石膏粉1%。

以上配方要求pH值为5~5.5，含水量60%~65%。

（二）培养料处理

1. 培养料预处理

栽培竹荪的原料处理，要求做到3点：晒干、切破、浸泡。

（1）晒干。用作栽培竹荪的原料，不论是竹竿、竹枝、竹屑、竹叶等还是秸秆类，均要晒干。因为新鲜的竹类，本身含有生物碱，经过晒干，使材质内活组织破坏、死亡，同时生物碱也得到挥发消退。

（2）切破。即原料的切断与破裂。主要是破坏其整体，使植物活组织易死。经切破的原料，容易被竹荪菌丝分解吸收其养分。切破办法有2种：一是采用切削机切碎或劈成5~6厘米长的小段。

（3）浸泡。原料浸泡常采用碱化法。把整个竹类放入池中，竹屑或其他碎料可用麻袋或编织袋装好放入池内。再按每100千克干料加入3%石灰。以水淹没料为度，浸泡24~48个小时，起消毒杀菌作用。滤后用清水反复冲洗，直至pH值为7以下。捞起沥至含水量60%~70%即可用于生产。

2. 培养料堆积发酵

（1）建堆。堆高1.2~1.5米，堆宽3~4米，长度以操作便利为准。先铺一层30厘米厚的主料，再将辅料均匀撒在主料上，一边铺料一边加水，底部应适当少加水，上部应适当多加水，总共铺5~6层，最后一层料上不加

图13-1 原料堆制

辅料。

（2）翻堆。培养料总计堆制时间宜控制在50～60天，堆内温度达到60℃进行翻堆，正常宜8～15天翻堆1次，其间翻堆3～4次。翻堆时，将四周的料翻到中间，并调节水分，堆高和堆宽尽量不变，可适当缩短堆长。

二、栽培季节与品种

1. 栽培季节

竹荪栽培一般分春播、秋播两季。一般而言，播种期，长裙竹荪以4～5月和9～10月为好；短裙竹荪以3～4月和9～10月为宜；红托竹荪以2～5月和9～11月为宜；棘托竹荪在3～4月为适。

我国南北气温不同，具体安排生产时，必须以竹荪菌丝生长和子实体发育所要求的温度为依据。栽培的最佳季节，受气温影响较大，而各地海拔的高低又与温度密切相关，所以从事竹荪栽培，最好能有一份本地近年来的气象资料，根据栽培品种的特性，结合当地地理气候条件合理安排生产。

2. 主栽品种

（1）长裙竹荪。属中温型，散生或群生。子实体高10～26厘米，菌托白色，菌盖钟形或圆锥形，有明显网络，顶端平，有穿孔。菌裙白色，裙长为菌柄长的1/2～2/3。从菌盖下垂达10厘米，由管状组织组成，网眼多角形。菌丝生长温度为8℃～30℃，最适温度为20℃～25℃；子实体形成温度为20℃～28℃，最适温度为23℃。

（2）短裙竹荪。属中温型，单生或群生。子实体高10～18厘米，幼时呈卵球形，直径3.5～4厘米，具有明显网络，顶端平，有穿孔。菌柄呈圆柱至纺锤形，长10～15厘米。菌盖下部至菌柄上部，均有白色的网状菌裙，下垂3～5厘米，长度为菌柄的1/3～1/2，故称短裙竹荪。菌裙上部的网络，大多为圆形，下部则为多角形，菌托呈灰色至淡紫色，直径3厘米。菌丝生长温度为12℃～33℃，最适温度为24℃左右；子实体形成温度为15℃～25℃，最适温度为22℃。

（3）红托竹荪。属中温型，散生或群生。子实体高20～23厘米，幼蕾呈卵球形，颜色为红色，成熟时变为长椭圆形，由顶端伸出白色笔形菌柄。菌盖钟形，直径3.5～4.5厘米，表面有明显网络，顶端平，有一孔，内含孢子。菌裙下垂7厘米，边宽4～8厘米，有网眼，呈多角形，菌托粗3厘米。菌丝生长温度为5℃～30℃，25℃左右最适；子实体形成温度为17℃～28℃，最适温度为20℃。

（4）棘托竹荪。属高温型，单生或群生。子实体高20～30厘米，肉薄，菌盖薄而脆，裙长落地，色白有奇香。菌丝呈白色索状，在基质表面呈放射性匍匐增殖。菌蕾呈球状或卵状、球形。菌托白色或浅灰色，表面有散生的白色棘毛，柔软，上端呈锥刺状。菌丝生长适宜温度5℃～35℃，以25℃～30℃最适；子实体生长温度为23℃～35℃，以25℃～32℃最适。

上述4个品种，栽培者可根据市场需求和生产效益而定。棘托长裙竹荪容易栽培，产量高、见效快，深受国内外市场欢迎。也可因地制宜生产短裙竹荪或红托竹荪，虽产量低，但商品价值比棘托竹荪高。

三、轻简化栽培

竹荪轻简化栽培主要以田间栽培和竹林地栽为主。田间栽培方式需搭棚遮阳，具有应用范围广、管理方便、效益好等优点。竹林地下埋藏了不少腐根，这些腐根可为竹荪提供生长营养物质，竹林地栽方式是比较经济的栽培方法，最适宜竹林山区轻简化栽培。

（一）田间栽培

1. 场地选择

选择冬暖夏凉、背风保湿、水源充足、排水良好、土壤腐殖质高的大田，宜间隔 2 年以上与粮食作物轮作，不宜连作。

2. 畦床、荫棚准备

场地应预先进行平整，人工清除杂草。如水稻冬闲田栽培，把田地整平，开好排水沟，整理好畦床。床宽 1～1.3 米，长度视场地而定，一般以 10～15 米为好。床与床之间设人行通道，宽 40 厘米。畦床高度要距畦沟底 25～30 厘米，畦面要整成“龟背形”，即中间高、四周低，畦沟人行道要两头倾斜，防止积水。

播种前 7～10 天，畦床内外和四周每 100 平方米撒石灰粉 8～10 千克消毒杀虫。也可每平方米泼 200 克的茶籽饼浸泡液，杀死蚯蚓和蜗牛。为了防止阳光直接照射，铺料前用木料或毛竹搭 2 米高荫棚，棚顶用杉木枝或茅草或遮阳网遮盖，遮阴度 80%～90%。

3. 铺料与播种

用水把畦床浇透，把发酵好的培养料铺到畦上，堆成瓦背状。采用“三料二菌种”铺料播种法，每铺一层料后，把料压实，在料面播 1 层菌种；铺料厚度为第一层 5 厘米，第二层 10 厘米，第三层 3 厘米；菌种点播、撒播均可。播种后将培养料表面堆成瓦背状后按每 100 平方米 3～4 千克撒上复合肥。播种与铺料两道工序要密切配合，做到一边铺料，一边播种，防止因铺料时间过长，培养料被晒干或风干，造成播种后菌丝难以萌发。

4. 覆土

铺料播种施肥后，在畦床表面覆盖 1 层 3～6 厘米厚的腐殖土，腐殖土的含水量以 20%左右为宜。覆土后再盖上 1～3 厘米厚的湿稻草。

温度低于 18℃时，需要盖膜，把塑料薄膜盖紧，周围压实，每天中午通风 0.5 个小时；温度高于 23℃时，可以不盖膜。

5. 发菌管理

竹荪品种温型不同，发菌期温度要求也不一。中低温型的长裙和短裙及红托竹荪，20℃～25℃最适；高温型棘托竹荪，25℃～30℃最适。秋末播种气温低，可采取覆盖薄膜，并缩短通风时间，同时拉稀荫棚覆盖物，露光增温，促进菌丝加快发育。若初夏播种气温高，注意早晚揭膜通风，并加厚荫棚覆盖物，防止因温度过高培养基内水分蒸发，影响菌丝正常生长。

播种后 30 天内一般不喷水，如连续晴天则适当喷水，喷水至土壤和盖的稻草湿润即可。下雨时一定要做好排水防涝，防止雨水渗透到菌床，造成积水溺死、腐烂菌丝。

6. 菌蕾期管理

经过 35～40 天的培养菌丝不断增殖，吸收大量养分后形成索状，称为菌索，并爬上料面，开始由营养生长转入生殖生长。此时在菌索尖端开始扭结成白色米粒状的小菌粒，称为原基，很快分化成菌蕾。菌蕾由米粒大，逐步长成乒乓球一般大。出菇期培养基含水量以 60%为宜，覆土含水量不低于 20%，注意保持空气相对湿度 80%。根据菌蕾生长不同阶段，采取不同形式、不同层次的科学喷水。

菌蕾由小到大长成球状时，水分要求逐日增多，必须早晚各喷水 1 次，保持相对湿度不低于 90%，感观测定为畦床上的膜内雾状明显，水珠往盖膜两边溜滴。湿度适宜，菌蕾加快生长；湿度不够，菌蕾生长缓慢，表面龟裂纹显露。若畦内基料水分不足出现萎蕾，此时要增加喷水次数，每天早晚各 1 次，并保持空气新鲜；同时要防止喷水过量，水分偏高，易引起烂蕾。湿度偏高时可采取揭膜通风，排除过高的湿度后再覆盖薄膜保湿。

7. 出菇管理

竹荪品种温型不同，出菇时期温度也有区别。应根据种性要求，创造最佳温度。

红托竹荪、长裙竹荪、短裙竹荪均属中温型品种，出菇中心温度20℃～25℃，最高不超过30℃，自然气温出菇期只能在春季至夏初或秋季。春季气温低，增加地温；初夏又常有寒流，可采取紧罩地膜，增加地温。可拉稀荫棚覆盖物，引光增温，缩短通风时间，减少通风量。通过人工创造适宜的温度，使菌蕾顺利破口进入抽柄散裙形成子实体。

棘托竹荪属于高温型，出菇中心温度以25℃～32℃最佳，出菇甚猛，菇潮集中。春季播种覆土后，畦床上方盖稻草或茅草。露天培养，在适宜的气候条件下，从菌蕾形成到子实体成熟只需20天，自然出菇期均在6～9月的高温季节。如果气温高于35℃时，畦床内水分大量蒸发，湿度下降，菌裙黏结不易下垂，或托膜增厚破口抽柄困难，这时必须加厚荫棚上的遮盖物，或用90％密度的遮阳网遮阴，创造“一阳九阴”条件；用井水或泉水浅度灌畦沟，降低地温。

图13－2　竹荪出菇

8. 转潮管理

采完第一潮菇后，喷水量稍微减少，土壤含水量保持在20%，经7～10天，第二潮菇的菌蕾长出后，管理方法按菌蕾期和出菇期管理进行。一般可采收2～3潮菇。

（二）竹林地栽

这里主要以长裙竹荪品种为例介绍。

1. 场地要求

选择潮湿、凉爽、腐殖层厚、土壤肥沃的毛竹林或竹阔混交林地。管理方便、坡度平缓、向阳背风、有水源，排水良好，无白蚂蚁窝及虫害的场地最为理想。

2. 整沟

在选好的林地内，清理林地内的枝条和腐殖质，露出地面挖沟，沟深20厘米，沟宽30～40厘米，长度视林地内空间而定。四周开排水沟；撒生石灰，杀虫灭菌；可在蚁窝、蚁路上喷施灭蚂蚁药。

3. 铺料与播种

在栽培前1个月，将沟内土块打碎耙平，每100平方米用1.5～2.5千克尿素和4.5～6千克过磷酸钙作基肥，铺入堆积发酵好的原料，厚8～10厘米，撒播1层竹荪菌种，再铺1层原料，厚6～8厘米，再撒播1层菌种。第二层菌种量要比第一层增加1倍。

播种后拍平压实，最后覆盖1层肥土，厚4～6厘米。覆土后，可用稻草、茅草、竹叶等铺盖表面，防止雨水冲刷表土，同时起到遮阳作用。

4. 后期管理

播种后2～3个月，菌丝长满基质形成菌索，菌索前端形成小菌蕾。此时菌蕾露出土面尚未破口，其间需增加水量，保持覆土土壤含水量在20%～25%，一般晴天每天早晚各浇1次水，菌蕾长到直径 3～4 厘米时，多喷水确保长好蕾。

一般情况下，夏播 2 个月或秋播 5 个月后进行出菇。待菌蕾顶部开始突起，呈尖桃时，表明已接近成熟，此时需勤喷水，利于菌蛋破壳和子实体菌裙舒张。喷水时以向空间喷水增湿为主，土壤含水量保持在 20%～25%。子实体形成阶段，不能有太阳直射光，覆盖竹叶、茅草等遮光。

四、采收与加工

1. 采收

竹荪宜在菌球破口之后，菌帽刚露出 1 厘米时采摘，不能等菌裙全散后再采，否则子实体整朵倾倒地上发生萎缩、自融，会造成损失。大部分竹荪在每天清晨 5:30—8:00 破蛋，可分三次及时采收。采收时用小刀连同菌托切断菌索，然后尽快摘去菌盖，除去菌托和杂质，保持菌裙和菌柄完整、菌体洁白。若来不及采收，可在菌球破口前采摘，然后将菌球排放于桌面湿纱布上，也可正常散裙，其产品更为洁净。

2. 加工方法

竹荪当天采收，当天烘干，隔夜变质。鲜品机械脱水烘干，采取“间歇式捆把”烘干法。即鲜菇排筛重叠 3～4 层，烘房控温 50℃～60℃，烘至八成干时出房，间歇 10～15 分钟，然后将半干品卷捆成小把，再进房烘至足干，这一点与其他菇品完全不同。

五、病虫害防治

竹荪栽培过程中，容易因堆料消毒不彻底、堆料透气性差、水分管理不科学等导致病虫害的发生。引起长裙竹荪病害的主要有青霉、绿霉、毛霉、曲霉、鬼伞菌等；虫害主要有白蚁、蛞蝓、跳虫、螨类虫、红蜘蛛、蚂蚁等。引起红托竹荪病害的主要有黏菌、烟灰菌、曲霉、毛霉、根霉等病原菌；虫害主要有蛞蝓、螨类、白蚁等。

出现发病，立即清除病菇。药物防治时，任何情况下都不能将药物直接喷洒在子实体上。黏菌用多菌灵或70％甲基托布津1000倍液、硫酸铜500倍液、1072湿漂白粉连续喷洒3～4次可抑制生长。烟灰菌发病早期，在病症处喷洒3％石炭酸或2％甲醛，若出现黑色孢子则用福尔马林20倍＋70％甲基托布津可湿性粉剂700倍稀释液喷施；发病严重时在发病处周围挖断培养料并在患处及周围撒新鲜石灰，再用塑料膜将患处盖住控制其扩散。红蜘蛛在堆料时喷1∶100倍的石硫合剂驱赶。蚂蚁可用灭蚁灵毒杀。

第十四章　黑皮鸡枞轻简化栽培

第一节　概述

黑皮鸡枞学名卵胞奥德蘑（*Oudemansiella raphanipes*），又名长根菇，为木腐菌类。

1. 分类地位

担子菌纲、伞菌目、口蘑科、小奥德蘑属。

2. 形态特征

菌盖直径 3～7 厘米，初期半球形，后渐平展，中央下凹并具钝突。菌盖表面浅褐色、橄榄褐色至深褐色，边缘近条纹。菌肉白色，较薄。菌褶直生至近弯生，较稀，不等长，白色。菌柄长 8～20 厘米，直径 0.5～1 厘米，圆柱形，上部白色，下部灰褐色，有纵条纹，具褐色颗粒状小鳞片，基部稍膨大，并向下延伸形成 4～6 厘米的假根。

3. 营养成分

黑皮鸡枞菌肉质脆嫩，富含蛋白质、维生素、微量元素硒及真菌多糖等多种营养成分，具有降低血压、抑制幽门螺杆菌的滋生、修复破损胃黏膜等多种功效，是一种药食兼用型真菌，营养价值与药用价值高。黑皮鸡枞的谷氨酸钠含量较高，所以，无论炒菜还是清蒸或煲汤，其滋味都很鲜美，是餐桌上不可多得的美味佳肴。

4. 生长发育条件

（1）温度：黑皮鸡枞属中温偏高型菌类。菌丝体生长的温度范围 10℃～30℃，最适温度 22℃～26℃，低于 0℃或高于 34℃，菌丝生长基本停止。黑皮鸡枞系变温结实性菌类，子实体原基分化需要一定的温差刺激，要求昼夜温差超过 5℃以上。子实体生长的温度范围是 18℃～28℃，最适温度为 25℃。

（2）湿度：在野外，7～9 月阵雨后容易出菇，这时空气相对湿度较高，温度适宜，温差大，有利于子实体的分化、形成和生长，可见黑皮鸡枞是喜湿性菌类。生产中，培养料的含水量控制在 60%～70%，以 63%～65%为佳，菌丝生长旺盛、洁白、绵毛状，气生菌丝较发达；含水量低于 60%、高于 70%，菌丝生长明显受阻。子实体原基形成时的空气相对湿度要在 80%以下，湿度太高，形成的幼菇容易腐烂死亡。子实体发育、生长时的空气相对湿度应在 85%～90%。若湿度偏低，子实体容易皲裂，产量也低。

（3）空气：黑皮鸡枞菌丝体在二氧化碳浓度为 1000～1500 毫克/千克的环境下生长旺盛，菌丝洁白浓密，转色快。原基形成时二氧化碳浓度应控制在 1500～2000 毫克/千克。子实体发育和生长时对氧气的要求很高，特别是原基形成后，由于子实体内新陈代谢十分旺盛，对氧气的需求剧增，更要求加强通风透气，当氧气充足时，黑皮鸡枞菌盖肥厚，菌柄粗壮。

子实体生长阶段二氧化碳的浓度应控制在 800～1200 毫克/千克，当环境二氧化碳浓度超过 1500 毫克/千克时，就会对子实体的生长和发育产生不利影响。

（4）光线：菌丝体培养期间，光线对菌丝生长有一定的抑制作用，发菌阶段除基本操作外均需避光培养。原基分化时也不需要光照，原基在完全黑暗的环境下可形成白色菇蕾，破土后通过光线诱导逐步由浅变深直至呈深褐色。光线强弱将影响菇体色泽，子实体生长过程中需要一定的散射光，光照强度以 300～500 勒克斯为宜。

（5）pH 值：在微酸性至近中性，pH 值为 5.4～7.2 的培养料和覆土材料中，菌丝体和子实体生长良好。

第二节　发展历程

1882 年中科院昆明植物所在野外采集到了长根菇，进行菌种分离后，开始了长根菇人工栽培研究，通过埋土栽培，长出了长根菇，当时称为长根金钱菇、露水鸡枞等。1996 年有文献报道在福建古田获得了长根菇规模化栽培的成功。随后几十年，人们一直进行不同栽培方式的探索，以期在产量、品质方面带动长根菇的发展。近年来，商品化名称黑皮鸡枞逐渐取代了学名长根菇，并且得到了较快发展，在福建、山东、云南、贵州、湖南、河北、四川等地均有规模生产。

第三节　栽培技术

一、原料选择与处理

在野生条件下，黑皮鸡枞从土中的腐木、枯树根上吸收营养物质，也从土壤中吸收各种可溶性有机营养和无机营养，包括土壤微生物的代谢产物。在人工栽培条件下，菌丝体生长和代谢需要对营养物质的要求不太严格，各种天然的富含纤维素、半纤维素、木质素的有机物，如木屑、棉籽壳、玉米芯、各种大型禾本科植物成熟秸秆等均可作为培养料，另外可用玉米粉、麸皮、米糠等作为主要氮源。代料栽培基质的碳氮比为（25～30）∶1比较理想。

常用配方：

大多数的农林废料如杂木屑、棉籽壳、甘蔗渣、玉米芯、玉米秸秆等均可用于栽培黑皮鸡枞。各地可根据当地的资源条件，因地制宜地选择原料。所用原料均要求新鲜、无霉变。根据笔者的实践，以下配方可供参考：

①杂木屑70%，麦麸（或米糠）20%，玉米粉6%，蔗糖1%，磷酸二氢钾1%，过磷酸钙1%，石膏粉1%。

②棉籽壳77%，麦麸（或米糠）15%，玉米粉5%，蔗糖1%，过磷酸钙1%，石膏粉1%。

③杂木屑60%，玉米芯20%，麸皮（或米糠）18%，蔗糖1%，石膏粉1%。

④棉籽壳50%，木屑27%，米糠20%，石膏1%，过磷酸钙1%，蔗糖1%。

⑤棉籽壳48%，甘蔗渣30%，麦麸（或米糠）20%，过磷酸钙1%，石膏粉1%。

⑥杂木屑44%，甘蔗渣30%，麦麸（或米糠）18%，玉米粉6%，过磷酸钙1%，石膏粉1%。

⑦木屑或棉籽壳84%，黄豆粉或玉米粉15%，石膏粉1%。

以上配方含水量为63%～65%，pH值5.4～7.2。

二、栽培季节安排

根据黑皮鸡枞生长发育所需的温度条件，我国南方一般采用春、秋两季栽培，春栽一般选择在12月至翌年1月制菌袋，3～6月出菇；秋季选择在7月上旬制作菌袋，9～11月出菇。有条件的可以搭建专用控温控湿的厂房进行周年化生产。

三、栽培场地及选择

黑皮鸡枞的生产场地大环境的选择与其他食用菌对场地的要求基本一致，参照执行即可。

黑皮鸡枞生产中需要制作菌棒并进行菌棒的培养，因而在生产中如果考虑自行制作黑皮鸡枞栽培菌棒，就需要进行完整的食用菌栽培场地设计，可参照第五章进行设计布局。如果采取购买菌棒，只进行出菇管理，则重点对出菇场地进行设计布局。

黑皮鸡枞轻简化栽培可以采用大棚栽培或者床式栽培。每间菇房一般占地面积以70～100平方米为宜，可采用竹木、不锈钢、角铁架等搭建4～5层层架，下层距地面20～30厘米，层高间距60～70厘米，靠墙单边的菌床宽为70厘米，中间菌床宽度为100～120厘米、最高层距顶棚120～150厘米、过道宽80～90厘米。

图14-1 黑皮鸡枞床架

四、装袋灭菌

原料在使用前应经过暴晒。玉米芯、木屑、棉籽壳等原料使用时需提前一天放入水池浸透后沥干备用。依据不同配方将浸透沥干的主料按比例添加辅料和添加剂混合拌匀，调节水分将含水量控制在63%～65%，即用手握紧培养料，稍用力挤压，以指缝间看见有水渗出但不下滴为合适。

制作黑皮鸡枞菌袋多采用规格为17厘米×33厘米×0.05厘米的聚乙烯（用于常压灭菌）或聚丙烯（用于高压灭菌）塑料

袋，每袋装干料 0.5～0.6 千克。批量生产时，可采用装袋机装袋。如采用手工装袋，要边装料边压实，保持松紧适度，装好后不能有明显空隙或局部向外突出的现象。料袋一般装至袋高的 2/3，然后用绳子将袋口扎紧。由于常压灭菌设备简单，容量大，成本低，因此在轻简化生产中多采用常压灭菌灶进行灭菌。菌包装好准备灭菌应快速添火升温，最好能在 4～6 个小时内上升到 100℃，不然，升温时间过长会导致培养料酸败影响菌丝生长。灭菌温度上升到 100℃后，保持 10～12 个小时，灭菌结束后最好不要马上出锅，有条件的可以让栽培袋在灶内再闷 12 个小时，以提高灭菌效果。闷袋结束后打开进料门，当温度降到 60℃以下时可以出锅，而后将灭好菌的栽培袋统一搬进事先熏蒸灭菌好的接种室冷却。

五、接种及培菌

当接种室菌袋温度降至 24℃～26℃时可进行接种。接种前对空间再进行 1 次气雾消毒盒熏蒸灭菌，并且将菌种和接种工具表面消毒后放入接种室一起熏蒸灭菌，接种时要严格按照无菌操作规程进行，对菌种无菌处理时应该耙去袋口的老菌块后再接种，每袋菌种可接 30～40 个栽培袋。接种完毕后，放入培养室进行培养，最好竖置在培养架上。秋栽时气温较高，排放菌袋时菌袋与菌袋之间应留有一定的距离，以利于散热。春栽时气温较低，菌袋可紧密排放并加盖覆盖物保温。有条件的可在发菌室安装空调等设施将温度控制在 22℃～25℃促进菌丝均衡生长。因黑皮鸡枞菌丝生长期间要求通风和黑暗的环境条件，因此培养室要设有纱门或纱窗并且要适当遮光。接种后要经常检查菌丝生长情况，如有污染菌，必须及时清除。一般经过 45 天左右，菌丝可以长满袋，此时不能马上开袋出菇，需要继续弱光培养 15～25 天，让菌丝继续积累养分促进转色，直至达到生理成熟（菌丝颜色逐渐变为浅褐色）时，才可转入出菇管理。

六、覆土及出菇管理

黑皮鸡枞一般采用覆土出菇，常用的覆土方式有 2 种：一种袋面直接覆土，将袋口拉起，在袋面上覆 2～3 厘米厚的土层；另一种脱袋覆土，将菌袋的塑料薄膜剪掉，然后把黑皮鸡枞菌棒横排或竖排于室内床架上或室外畦床上，每排放入 5～10 个菌棒。一般横排的菌棒之间不需要留空隙，每排可放入 8～10 个菌棒；竖排的因底部距离覆土层较远，为保证侧面有效出菇，菌棒之间应留 3～5 厘米的空隙，每排可放入 5～8 个菌棒。摆放好后在菌棒表层覆盖一层 3～4 厘米厚的肥土。覆土材料要求质地疏松，富含腐殖质，透气性和保水性要好，泥块直径以 0.5～2 厘米为佳。覆土前先将泥土预湿，控制含水量 25%左右。检验含水量的方法是用手挤压泥块能压扁但又不粘手，则表明含水量适合；如果泥块压不扁或能压碎，则表明水分不够；如果泥块粘手，则表明水分过多。

覆土完成后需自然养菌 3～5 天让覆土受损的菌丝得到恢复后进入出菇管理。

黑皮鸡枞属变温结实型食用菌，覆土第 6 天将昼夜温差控制在 4℃～6℃，以刺激原基的形成及发育。如自然温差达不到要求，白天应盖膜增温，晚上揭膜通风降温，把昼夜温差调控好。黑皮鸡枞虽然在夏季 28℃～35℃的高温下在野外仍能出菇，但由于气温过高子实体消耗大、积累少，子实体纤维化程度高，所见菇没有商品价值。生产实践表明出菇温度最好控制在 26℃左右，如高于 26℃时，要通风降温；低于 22℃时，要注意盖膜保温。每天早晚对空间喷雾保湿，使空气相对湿度保持在 80%～85%。同时注意以开窗通风来调节出菇棚的二氧化碳浓度至 1200～1500 毫克/千克，具体以人在棚内感觉很舒服为准。从第

8 天开始每天给予 4～6 个小时的散射光照射刺激子实体的形成。

图 14－2　黑皮鸡枞出菇

一般覆土第 13～15 天菌棒上会长出假根并向上伸长至覆土表层吸收氧气而形成原基，原基前端逐步膨大形成菇蕾冒出土面。当环境温度保持 22℃～26℃、二氧化碳浓度 1200～1500 毫克/千克、空气相对湿度 80%～85%时，冒出土面的菇蕾经过 5～7 天的生长颜色逐步由浅变深，菌柄增粗增长，菌盖初期呈半球形包裹菌柄，后逐步开始平展开，露出白色的菌褶并开始弹射孢子，此时即可采收。

七、采收

黑皮鸡枞部分菌盖刚开始平展，露出白色菌褶并准备弹射孢子，此时子实体已达到八成熟，即为采收适期，应及早采收。采收时抓住菌柄基部，轻轻拔起，除去菌柄基部的泥土。及时采收是保证黑皮鸡枞高产优质的关键环节，如子实体大量释放孢子、菌褶发黄时才采收，则子实体已过度成熟，将严重影响黑皮鸡枞的品质，甚至失去商品价值。近几年一些酒店用黑皮鸡枞做刺身很受欢迎，要求菌盖成半球形包裹菌柄时即采收，导致很多基地都改变了以前的采收标准，按照所供酒店的要求采摘。一般黑皮鸡枞采收完一茬需要 5～7 天，共可采收 3～5 茬菇，总生物学效率为 60%左右。每采收完一茬需停止喷水，休菇 4～6 天后进入下一茬出菇管理。

八、加工销售

采收的菇需及时削去泥脚按要求分好等级送入 0℃～4℃冷库打冷 4～6 个小时，黑皮鸡枞菌鲜销时依据不同的渠道采用不同的包装。包装打好冷的菇时应轻拿轻放，不同的包装装箱时要放入足够的冰袋保持冷度，运输过程中最好选用冷链运输以保持黑皮鸡枞的新鲜度。

黑皮鸡枞可以加工成罐头或开袋即食食品，还可以晒干或烘干，干品香味较浓。

第十五章　羊肚菌轻简化栽培技术

第一节　概况

羊肚菌［*Morchella esculenta*（L.）Pers］，为子囊菌类。包括黄色羊肚菌类群（Esculenta Clade）、黑色羊肚菌类群（Elata Clade）、变红羊肚菌类群（Rufubrunnea Clade）。羊肚菌因其外观形似羊肚而得名，是一种珍稀名贵食药兼用真菌，市场价值高，被誉为“菌中之王”。

1. 分类地位

羊肚菌属于子囊菌门，盘菌纲，盘菌目，羊肚菌科，羊肚菌属。

2. 形态特征

羊肚菌的一般形态特性是菌盖呈不规则球形、卵形至椭圆形，高4～10厘米，宽3～6厘米，顶端钝圆，表面有似羊肚一样的凹坑和棱背，凹坑和棱背不规则形，边缘与柄相连，貌似羊肚。羊肚菌类群不同，菌盖颜色有差异，有黑色、灰色、蛋壳色至淡黄褐色等。柄近圆柱形，近白色，中空，上部平滑，基部膨大并有不规则的浅凹槽，长5～7厘米，粗约为菌盖的2/3。

3. 营养成分

羊肚菌的氨基酸总量为47.4%，高于一般食用菌的25%～40%，还含有几种稀有的氨基酸，如C－3－氨基－L－脯氨酸、α-氨基异丁酸、2,4-二氨基异丁酸，这是羊肚菌风味独特奇鲜的主要原因。粗脂肪占比3.82%，其中亚油酸56.0%、油酸28.41%、硬脂酸2.02%、软脂酸13.54%，不饱和脂肪酸占优势，是羊肚菌具有药用价值的重要原因之一。羊肚菌中还含有钾、钠、钙、镁、铁、锌等10多种丰富的矿质元素。

4. 生活史

羊肚菌的生活史较为复杂，单个子囊孢子萌发后，经过两种途径形成子实体。羊肚菌的单核菌丝和双核菌丝均可形成菌核，菌核可重新萌发形成菌丝，也可能发育成子实体，发育结果主要取决于环境条件。单核菌丝能够产生分生孢子。子囊孢子和分生孢子萌发得到的可亲和菌丝能够质配形成双（异）核菌丝。组成子实体的菌丝大部分为单核菌丝，两个单倍体核配对后形成双倍体核，再经减数分裂形成新的单倍体子囊孢子。孢子萌发形成菌丝，减数分裂前的配对可进行自体配对或异体配对。

5. 生长发育条件

（1）温度：羊肚菌属偏低温型真菌，孢子萌发适宜温度为15℃～20℃，菌丝体生长温度范围为3℃～25℃，最适宜生长温度为16℃～20℃，低于3℃或高于25℃停止生长，30℃以上甚至死亡。子实体生长温度范围为10℃～22℃，最适宜生长温度为15℃～18℃，昼夜温差大，能促进子实体形成，但温度低于或高于生长范围均不利于其正常发育。

（2）湿度：羊肚菌适宜在较湿润的环境中生长。菌丝体生长的培养基含水量范围为60%～65%，子实体形成和发育阶段，适宜空气相对湿度为85%～90%。

（3）光照：羊肚菌菌丝体和菌核生长期不需要光照，光线过强会抑制菌丝生长，菌丝在暗处或微光条件下生长很快，光线对子实体的形成有一定的促进作用，子实体形成和生长发育需要一定的散射光照，三分阳七分阴。羊肚菌子实体的生长发育具有趋光性，子实体往往朝着光线方向弯曲生长，并多发生在散射光照射较好的地方。光照强子实体的色泽深，光照弱子实体的色泽浅，光照太强或太弱都不利于子实体的生长发育。

（4）空气：羊肚菌属于好氧性真菌，菌丝生长阶段可以耐受较高的二氧化碳浓度，子实体生长发育需要通气良好。二氧化碳浓度过高时，子实体会出现瘦小、畸形，甚至腐烂的情况。

（5）pH 值：羊肚菌菌丝体和子实体生长适宜 pH 值为 6.4～8.7，最适宜 pH 值为 6～7。

第二节　发展历程

一、羊肚菌技术攻关阶段

1578 年，我国古代名著《本草纲目》就正式记载了羊肚菌及其用途，这是世界上最早的关于羊肚菌的记载，1818 年西方人发现并命名记录羊肚菌，我国比西方的记载整整早了 240 年。1986 年，羊肚菌栽培专利问世，1994 年实现与企业对接转让专利实现商业化生产。同年四川绵阳食用菌研究所获得中国首个羊肚菌栽培专利，掀开了中国羊肚菌栽培序幕。1998 年我国菌丝配合接触试验长出了一枚意义重大的子实体，开启了外营养袋技术的一户窗。2003 年完全摆脱菌丝配合理念，确定营养袋的重大价值，2005 年外营养袋技术迈步进入社会，逐渐生根发芽，从此开启了中国羊肚菌栽培新的航程。2012 年羊肚菌外营养袋栽培技术开始步入规模化栽培时代。

羊肚菌技术国内外实现重大突破的两个时期：一个是 20 世纪 80 年代，美国科学家 Ower 就模拟自然环境在实验室内成功实现了羊肚菌出菇，随后由其合作者 Mills 进行了相对成功的工厂化栽培应用，1986 年，羊肚菌栽培专利问世，Ower 详细论述外源营养袋的技术原理和制作工艺，但在随后的推广应用中，最初未被重视和使用，Ower 于 1986 年逝世，合作者 Mill 对其原理和适用方法的解释是羊肚菌需要在营养相对贫乏的环境中才能进行有性生殖，而其菌丝自身储备的能量不足以支撑其有性生殖过程，因此需要从外界吸收新的营养物质，同时需要在生产后期对新的营养物质予以移除，以使菌丝重新回到营养贫乏状态转而进行有性生殖。同时 Ower 利用培养菌核的培养料作为“外源性营养物”进行补料操作；另一个是 2003 年羊肚菌外营养袋栽培技术诞生，我国谭方河先生最早使用外源营养袋技术，在菌丝萌发后，他采取在菌床上扣上接种有另一类型羊肚菌菌种的菌袋，以实现两种菌丝的融合，诱发出菇，此方法比不“杂交”处理具有明显的增产效果，该技术在早期曾被称为“菌丝融合技术”。随后，谭方河先生又发现，只扣料袋（不接种）同样可以促进增产，因此就推翻了“菌丝融合”的说法，进而发展成为现今的外源营养袋技术。

二、羊肚菌规模化发展阶段

我国早期的羊肚菌栽培研究主要在野生资源丰富的地区，如贵州、云南、四川、甘肃、陕西等。羊肚菌最早的人工驯化栽培研究主要在绵阳、成都、重庆附近一带进行试验性、示范性栽培，自 2012 年开始，技术逐渐完善，种植规模逐渐扩大，2012 年约为 3000 亩（1 亩≈667 米^2）；2013 年增长 50%，达 4500 亩；2014 年继续扩大，增长 7%，达到 8000 亩左右；2015 年发展最快，增长 203%，达历史最高，为 24250 亩；2016 年略低，为 23400 亩；2017 年羊肚菌栽培面积大约为 70000 亩；2018 年度全国羊肚菌栽培面积达到至少 120000 亩。2012—2016 年我国羊肚菌种植面积以羊肚菌的发源地川渝地区和湖北较大，川渝地区作为我国羊肚菌主产区，在2015年的栽培总面积就达到了16500亩左右，占全行业的68.04%，但2016年同比下降43.64%，为9300亩左右，波动较大，且是自羊肚菌大面积种植以来，首次出现明显减量，主要是与当年遭受了气候灾害和当年的市场价格波动有关。2018年四川种植面积达32000亩，重庆种植面积达4000亩。湖北省2015年为2800亩，2016年增加到6000亩，2017—2018年湖北羊肚菌种植面积下滑明显，下降到2800亩。河南省、贵州省和云南省紧随湖北省，3个省的栽培总面积两年来相差不大，2015年分别为750亩、700亩和500亩左右，2016年分别增长至1800亩、1500亩和1800亩。云南省具有较好的羊肚菌基础，增长迅速，2017年云南全省播种面积在1万余亩，占全国的1/5左右，2018年，云南全省播种面积在2万余亩，占全国的1/7。贵州省食用菌基础薄弱，但气候资源较优，近年来在政府和一些相关企业的推动下，食用菌产业发展迅速，羊肚菌作为一种新型食用菌，自然被大面积引入发展，2017—2018年贵州地区种植面积在上一年度1800亩的基础上增加至6000亩。河南省也有较好的食用菌栽培基础，2017—2018年种植面积2800亩，发展速度落后于云南和贵州。北方羊肚菌日光温室大棚种植效果明显，2018年东北三省种植面积1800亩，河北种植面积达1400亩，新疆达1000亩。我国羊肚菌已经在全国遍地开花，种植区域遍布四川、重庆、湖北、云南、贵州、河南、河北、山西、甘肃、新疆、广东、湖南、福建、江苏、安徽、山东、北京、辽宁、吉林和黑龙江等地。

第三节　羊肚菌的栽培技术

目前，我国羊肚菌栽培模式主要有普通遮阳网栽培、日光温室大棚栽培（暖棚）、塑料大棚栽培（冷棚）、林下露天栽培和林下小拱棚栽培等。现使用最多的栽培模式为普通遮阳网栽培，该模式大棚造价成本低，可推广性强，缺点是环境温度、湿度可控性差，产量不稳定；日光温室大棚冬天可以有效地升温和保温，比较适合种植羊肚菌，且产量高，但大棚造价成本高，北方可采取蔬菜和羊肚菌轮作的方式种植，推广范围较小；塑料大棚造价远低于日光温室大棚但高于普通遮阳网栽培，大棚内环境湿度可控性较好，温度可以适当小范围调节，产量和品质较好，这是我国目前仅次于普通遮阳网栽培的模式；林下露天栽培和林下小拱棚栽培模式基本靠天气，可控程度低，适应地域较窄，产量难以保证。

一、菌种准备

羊肚菌母种特性：菌落在 PDA 培养基上初期呈灰白色，后期菌丝浓密颜色变深，呈黄褐色，生长迅速，菌丝体较为均匀地向外扩展生长。菌丝直径 4～6 微米，有横隔，隔膜具有多孔，细胞核可自由移动，细胞中的细胞核 1～65 个不等。羊肚菌的一个重要特点是菌丝之间的相互融合连接，形成桥状或网状结构，菌核初期呈白色，生长到一定阶段为黄褐色。

羊肚菌母种、原种和栽培种的制作方法和其他食用菌无差异，某些特殊性在注意事项中已指明，需特别注意。

1. 母种培养基配方

（1）豆饼 200 克（煮汁），玉米粉 10 克，蔗糖 20 克，琼脂

20 克，磷酸二氢钾 1 克，硫酸镁 0.5 克，酵母膏 0.5 克，水 1000 毫升。

（2）胡萝卜 200 克，黄豆粉 20 克，蔗糖 20 克，磷酸二氢钾 1 克，硫酸镁 1 克，维生素 B 10.1 克，琼脂 20 克，水 1000 毫升。

（3）黄豆芽 500 克（煮汁），白糖 20 克，琼脂 20 克，羊肚菌基脚土 50 克，水 1000 毫升。

（4）蛋白脂 1 克，葡萄糖 20 克，琼脂 20 克，酵母膏 1 克，磷酸二氢钾 1 克，硫酸镁 1 克，维生素 B 10.1 克，水 1000 毫升。

注意事项：母种只能扩 1 次，多接、多扩、传代都会影响子实体生长。

2. 原种培养基配方

（1）杂木屑 48%，麦粒 25%，谷壳 20%，腐殖质土 5%，生石灰 1%，石膏 1%。

（2）木屑 50%，棉籽壳 30%，麦粒 15%，白糖 1%，石膏 1%，过磷酸钙 1%，土 2%。

（3）稻草粉 45%，麦粒 25%，谷壳 25%，石膏 1.5%，过磷酸钙 1.5%，土 2%。

（4）玉米芯 50%，木屑 30%，麦粒 15%，石膏 1%，过磷酸钙 1%，土 3%。

注意事项：每支母种可接原种 3～5 瓶，原种初始培养温度为 20℃～22℃；当菌种萌发长至 2～3 厘米直径大小的菌落时，降低 1℃～2℃；菌丝到一半时，继续降温 1℃～2℃，严禁避免温度超过 25℃引起的烧菌或菌种退化。在培养期间尽量避免强光刺激，菌龄要求不超过 60 天为好。整个培养过程中，空气湿度保持 55%～65%，避免湿度过大，引起杂菌滋生。

3. 栽培种培养基配方

（1）木屑 50%，小麦 40%，土 8%，生石灰 1%，石膏 1%。

（2）木屑 55%，小麦 20%，谷壳 20%，白糖 1%，石膏

1%，过磷酸钙1%，土2%。

（3）棉籽壳55%，小麦20%，谷壳20%，石膏2%，土3%。

（4）玉米芯60%，小麦15%，谷壳20%，石膏2%，过磷酸钙1%，土2%。

栽培种的培养注意事项与原种相同，经过1个月左右待菌丝长满瓶后就可用于生产栽培。

二、栽培季节与处理

（一）栽培季节

羊肚菌不耐高温，最适宜在秋冬季节栽培，各地可以根据当地的海拔和小气候决定栽培时间。具体安排生产时，要根据羊肚菌菌丝生长和出菇温度要求来灵活安排，通常是环境温度最高温度下降到20℃以下播种为宜，播种过早，翌年出菇期易遭受低温危害，播种太迟，温度过低，不但菌丝生长缓慢，且菇蕾易受高温危害引起减产或绝收，故应适时播种。一般播种时间在10月底至11月下旬，羊肚菌生长周期为75～90天，次年2月下旬到3月开始陆续出菇。北方暖棚具有保温降温设施可以灵活安排种植时期，秋种冬收，9～10月播种，11月底出菇，1月底采收完毕；冬种春收，10月中旬进行播种，3月中下旬至4月上旬采收，4月中旬结束；早春种植，春季3月上中旬开始播种，4月底下旬催菇，4月底至5月上旬出菇。

（二）主栽品种

1. 梯棱羊肚菌

子囊果中等大，高5～18厘米。菌盖近圆锥形，偶不规则，主脊竖直排列，菌盖表面像梯子一样规律横隔，高3～10厘米，直径2～5厘米，中空，表明凹陷，呈蜂窝状，幼时呈浅灰褐色，成熟时呈橄榄色或浅褐色。菌柄长3～9厘米，粗2～4厘米，灰白色或米白色，表面有细颗粒或粉粒状物，空心。子囊近柱状，孢子8个，单行排列。子囊孢子椭圆形，光滑，(19～22)微米×(10～22)微米。梯棱羊肚菌产量高，商品性优良，菌盖质地韧性较强，耐储运，颜色较深。

2. 六妹羊肚菌

子囊果中等大，高5～12厘米。菌盖近圆锥形，高3～8厘米，直径2～5厘米，中空，表明凹陷，侧脊明显，常有次生脊和下沉横脊，呈蜂窝状，幼时呈浅灰白色、灰色，成熟时呈灰褐色至黑褐色略带红色色调。菌柄长3～6厘米，粗2～3厘米，光滑，白色。子囊近柱状，孢子8个，单行排列。子囊孢子椭圆形，光滑，(18～23)微米×(10～14)微米。六妹羊肚菌产量高，商品性优良，菌盖形态尖顶、菌柄较短，耐高温能力较梯棱羊肚菌稍强，菌盖易碎，不耐储运。

3. 七妹羊肚菌

子囊果高7.5～20厘米，菌盖长4～10厘米，最宽处3～7厘米，圆锥形至近圆锥形；竖直方向上有14～22条脊，大多比较短，具次生脊和横脊，菌柄与菌盖连接处的凹陷深1～3毫米、宽1～3毫米，脊光滑无毛或具轻微绒毛，幼嫩时呈棕褐色至棕色，随着子囊果成熟颜色加深呈深棕色至黑色，幼嫩时脊钝圆扁平状，成熟时变得锐利或呈侵蚀状；凹坑呈竖直方向延展，光滑，颜色变化从幼嫩时的黄褐色至黄褐棕色、粉红色或棕褐色加深到成熟时的棕色至棕褐色；菌柄长3.5～10厘米，宽2～5厘米，通常基部似棒状，顶端略微扩张变大，具白色粉状颗粒，菌柄白色，随着标本的老熟，颜色变深至棕褐色；肉质白色，中空，厚1～2毫米，基部有时有凹陷腔室；不育的内表层白色，具短柔毛；8孢子囊孢子，椭圆形，表面光滑，同质；圆柱形顶端钝圆，无色；侧丝(100～200)微米×(5～12.5)微米，圆柱形具尖的、近棒状或近纺锤状的顶端；不育脊上的刚毛（60～200）微米×(7～18）微米，有隔，顶端细胞近棒状，少量的近头状或不规则形状。

三、栽培场地及要求

（一）场地选择

1. 地点选择

林地种植栽培场地选择山坡时以北坡为宜，日照时间短；林下的理想遮光率为80%，宜选竹林或阔叶树林地。房前屋后的空闲地、瓜果棚下、旱地、稻田等也可作羊肚菌的栽培场所。整改的蔬菜大棚、北方日光温室等都可作为羊肚菌的栽培场所。

2. 种植地土壤要求

土壤最好含沙量不要太大，保水性差，也不能选择黏性太大的土壤，浇水后板结，透气性差。林地土壤选择类型（肥力）方面，宜选择含一定量腐殖质、具有一定疏松性的半沙质中性或偏碱性潮湿土壤，土壤pH值在6.8～7.5为宜。种植羊肚菌的水稻田土中带黑色黏度适中、有机质含量高、保湿性强、透气性好的羊肚菌产量最高。如果其他条件适宜，但土质不肥、腐殖质不足的可在深翻前增施适当腐质肥，以调整土壤结构，或另取肥沃腐殖层高的竹木林表土或菜园土、塘泥等，作为铺底土和覆盖土壤，人为创造适宜的环境条件。

农药和化肥的施用会影响土壤微生物的生物量，同时影响土壤微生物的结构，从而影响与羊肚菌相关的氮磷等营养元素的循环，种植羊肚菌前需对种植地块的土壤进行农残和氮磷等指标的检测。

3. 水源、水质要求

羊肚菌种植要选择靠近水源、排水良好，且水质好的地方，确定种植地之前要先检测使用水质是否达标。

4. 地域选择

日光温室因棚内温度相对可控，种植羊肚菌地域不受限制。采用遮阳网大棚、冷棚等种植模式种植羊肚菌最好选择秋季降温早、冬天霜冻时间短、春天升温慢的地域。

（二）整理地块

首先要剔去地上的石头，将地面的杂草、农作物残留物清理干净。若在水稻冬闲田栽培，需把田地整平，开好排水沟，在翻耕前，每亩播撒生石灰 50～75 千克来调节土壤 pH 值。土壤深耕后再用旋耕机旋耕、平整。

（三）大棚搭建

1. 遮阳网大棚搭建

目前羊肚菌栽培使用最多的是遮阳网棚，地块处理好后，在播种前要搭建好遮阳棚，遮阳网棚根据棚的形状可以分为两种类型，平顶棚、波浪形棚，棚高 2 米左右。目前平顶棚使用较多，波浪形棚是这两年才开始得到应用，其特点是棚顶部木桩排与排之间桩高相差 60 厘米，排高分别高 1.6 米和 2.2 米，棚顶呈现波浪形，该棚的特点有利于空气的流通和棚顶热量的发散，通风好，棚内环境更适于羊肚菌生长。大棚搭建主体以木柱为主，木柱要求直径在 5～7 厘米，柱长 2.5～2.7 米，木柱插入地面 50 厘米，柱间距（3～4）米×（3～4）米，每亩数量 80～100 根，柱与柱之间用铁丝或绳子拉紧，风大使用吊袋抗风，大棚遮阳网使用 95%的 6 针的规格，棚的一侧或两侧预留位置供人员进出，遮阳网下部用泥块压紧固定。条件允许的情况下，安装微喷设施有利于降低水分管理工作量，微喷设施需安装耐高压水管与雾化喷头，安装密度需要根据水压以及雾化面积而定。

2. 大棚改造

我国目前改造用于种植羊肚菌的大棚有冷棚（常规蔬菜大

棚)、温棚(指在常规冷棚塑料布外加草帘或棉毡，草帘或棉毡可以按照需求卷放的大棚)、暖棚(北方地区独有的日光温室，可以抗低温，在外部环境为－20℃的情况下仍可实现棚内最低温度达8℃～10℃)、联动大棚、光伏大棚等。

羊肚菌种植不能有强光照，而大棚的增温主要依靠阳光照射增温，所以要对使用大棚进行加盖遮阳网，对于要求遮光降温的可在棚上加装95%的6针遮阳网，遮阳网与大棚之间间隔40厘米，如需遮光增温可在棚子内部2～3厘米的架空层内悬挂95%的6针黑色遮阳网。

羊肚菌栽培对水分要求比较严格，小菇形成阶段，高土壤湿度、低空气湿度及机械损伤不利于小菇的生长，在小菇发育阶段适宜选择雾化喷雾；播种后土壤湿度调节、催菇、成菇阶段需要大水量，雾化喷雾满足不了要求，需要使用漫灌、滴管、喷淋设备，所以设施大棚内要安装雾喷、喷淋设备。

四、播种

(一) 播种前的准备

挑选菌丝健壮、无杂菌污染的、活力强的羊肚菌菌种，将菌种袋用刀具割一道口，剥去袋膜放入盆或桶内，捏碎成菌种碎块，然后加入配置好的0.2%～0.5%的磷酸二氢钾溶液，搅拌均匀，处理好的菌种水分含量控制在70%～75%。

播种前土壤不能水分过重，水分过重机械没法操作，建议土壤水分含量在10%～15%，以用手捏不成团为准。播种后要用重水浇透，大田种植地区水源充足地块可以放水浸灌，水量离表层5厘米即可撤掉水。水源不充足地用喷带喷到沟里积水，土层30厘米以上水分含量要达到20%～25%。土壤含水量标准可以通过用手捏来初步判断，手捏成团，丢地上即散为适合标准；手捏土壤松散，即土壤太干；手捏土壤，丢地上成团即土壤太湿。

（二）沟播

先用石灰画线，畦面宽 80 厘米，畦面与畦面间画 2 条走道，每条走道宽 30 厘米。80 厘米畦面做 3 条小沟，用来放菌种，每条沟的距离为 20 厘米（图 15－1），菌种的用量以刚好覆盖沟面即可。菌种播好后，用覆土机采集走道上的土覆土（图 15－2），覆土机操作完后，不均匀的地方需人工整理一遍。采用覆土机覆土的方式操作简单，覆土、做沟同时完成，操作过程中要灵活掌握沟的深度，根据地块土壤的结构不同保水性不同，沟的深度也不同，地下水高，水分含量高。保水性好的地块沟深 25～30 厘米，保水性差的土壤为了减少水分的流失，便于保水，补水沟要浅 10 厘米左右。畦面要整成“龟背形”，即中间高、四周低，畦沟人行道要两头倾斜，防止积水。

图 15－1　羊肚菌菌种沟播

图 15－2　覆土机覆土

沟播每亩播种量 150～200 千克。用沟播方式播种的羊肚菌菌丝恢复快，一个星期就上土，沟播先在沟的地方出子实体，易集中成簇出菇。

（三）散播

散播菌种用量要多，每亩菌种用量 200～250 千克，撒播只需把菌种均匀地撒在畦面上，做沟、做畦等其他的操作与沟播相同。散播菌丝恢复较沟播慢，播种 10 天左右才能上土，但出菇均匀。

五、搭建小拱棚或盖膜

设施大棚如暖棚、冷棚能实现保温、保湿、遮阳的效果，不需要加盖薄膜或其他遮盖物，但遮阳网棚及林下种植等温度不可控或土壤保湿性差的情况下，播种覆土后，为了保温、保湿和防止外界环境如下小雨、下雪对菌丝体的影响，一般在畦面上用竹片搭建小拱棚或直接盖膜。空气湿度高的地域畦面采用竹条搭建小拱棚，拱棚高度在 50～60 厘米，然后盖上薄膜，薄膜边上要压紧压实，每隔 0.5 米左右留一小孔，用于通气。空气湿度低的地方采用直接盖膜的方式更利于保持土壤湿度（图 15－3），减少菌霜形成，在覆盖过程中要拉紧地膜，使其紧扣在厢面上方，并在地膜边缘每隔 0.4～0.6 米放置 1 个小土块，达到通气的目的。

图 15－3　盖膜

薄膜的选择以黑膜最佳，选择的黑膜要具有一定通透性，透光效果以薄膜盖在报纸上能看清报纸上的字为宜。用黑膜覆盖的优点是不起露水、冬天使用可以升温，还可以减少杂草的生长。

白膜起露水多，湿度高，催蕾效果好，但培养阶段使用容易长杂草。

六、营养袋生产及放置

1. 营养袋配方

（1）小麦98%，石灰1%，石膏1%。

（2）小麦30%，谷壳68%，石灰1%，石膏1%。

（3）木屑60%、谷壳25%、小麦10%、石膏1%、石灰1%、腐殖土3%。

（4）小麦80%、谷壳6%、木屑6%、土4%、石灰2%、石膏2%。

营养袋规格采用12厘米×24厘米聚乙烯或聚丙烯袋，原材料处理、含水量、装袋、灭菌与原种、栽培种相同，营养袋灭菌冷却后即可使用。

2. 营养袋放置

羊肚菌菌丝生长速度快，播种1天左右就可看到菌种表面菌丝开始萌发约1厘米，2～3天菌丝之间可连接成稀疏的菌丝网络，土壤表层可以看到稀疏的菌丝。1个星期左右菌丝大量发生，此时就可以放置营养袋，营养袋放置时间在播种后的8～20天，最迟时间为20天，以10～15天为宜，不能超过30天。营养袋放置前需用刀子在营养袋上划口或用钉子在袋子上打孔，然后将开口处朝下并扣在畦面上（尽量放在土层菌丝明显的地方），轻轻按压使营养袋与土壤接触，营养袋放好后重新覆盖好薄膜或覆盖物。羊肚菌菌丝在与培养料接触的过程中，会逐渐向营养袋内生长，吸收其中的营养并进行有效转化，同时还会向土层内的菌丝传送营养，为后期出菇提供必要的营养物质。营养袋放置距离为20～30厘米，每亩用量为1800～2200袋。营养袋放置时间为1～2个月，如出现营养袋感染要及时清理杂菌，现在有些地方采用出完一茬菇后二次投放营养袋，出二茬菇，大大提高了羊肚菌的单位面积产量。

七、菌丝阶段管理

1. 温度管理

温度是影响羊肚菌生长、发育和品质的主导环境要素之一，羊肚菌菌丝最佳的生长温度是16℃～20℃，低于3℃或高于25℃停止生长，温度高于30℃菌丝死亡，冬季管理要以保温为主，采取覆盖薄膜，减少通风时间，同时拉稀荫棚覆盖物，露光增温，促进菌丝加快发育。早春季节如遇高温要采取棚内喷水降温，前提条件是畦面要盖有薄膜。

2. 湿度管理

菌丝管理阶段主要以管理土壤含水量为主，菌丝生长阶段土壤含水量要适中，以手抓成团，20%～25%含水量为宜，水分太重，透气性差，不利于菌丝的生长与发育，轻则推迟出菇重则减产，土壤太干会导致菌丝体死亡。设施大棚栽培，在播种阶段要调控好土壤含水量，发菌过程可以较长时间满足养菌的要求，当土壤表面变白时，可轻微雾化喷水，如无必须，尽量少浇水。土壤保湿差的可以搭建小拱棚和盖薄膜，还可以采用80%遮阳网、草帘，同时能起到避光、保温、抑制杂草、保水的作用。越冬栽培要在冻土期来临前1个星期，浇1次重水，以防冻土期土壤水分流失太多对菌丝造成伤害。秋冬和早春栽培养菌过程中适度保持土壤水分偏低，让菌丝在土壤内部生长而不是在土层表面生长。

3. 光照管理

羊肚菌菌丝体生长阶段需要相对较暗的避光环境，黑暗或微光条件有利于菌丝生长。

4. 通风管理

羊肚菌养菌期间基本不要担心氧气不足的问题，少量空气流通就能满足菌丝生长需求，但是当发现气生菌丝增多、直立多，就代表氧气不足，二氧化碳超标，需要适度通风。

八、出菇阶段管理

1. 原基分化阶段管理

当畦面菌霜消退、土壤显褐色时，就标志着羊肚菌由营养生长过渡到了生殖生长，同时观察当地的环境气候，自然温度稳定在4℃以上时，可以进行催蕾管理，催蕾后，具备设施设备的场所可以人为地调控温度范围，白天提高地表下5厘米处的温度至10℃～12℃，原基分化的最佳温度为6℃～12℃，土温高于12℃原基分化不好，高于14℃不利原基形成，夜间降低棚内温度至3℃～5℃，拉大温差至10℃可以促进原基形成。催蕾后温度不能低于0℃，不能高于20℃，低温原基会冻伤夭折，高温原基会被烧死。棚内土表以上30厘米空气温度超过25℃棚内需要喷水降温。

羊肚菌属于喜湿菌类，原基分化需要给予菌丝大水量刺激，此时要增加土壤的湿度，促进原基形成，原基发育阶段一般是播种后50～70天。在菌丝生理成熟、气温适宜时给土壤菌丝1次近饱和的水分刺激对原基分化菇蕾形成很关键，补水的方式可以采用大水喷洒或漫灌，水量最好到沟的2/3，土壤含水量维持在25%～35%为佳。空间湿度和土壤湿度对原基分化有同等重要的意义，原基形成阶段空间湿度控制在85%～90%。

原基分化需要一定的散射光，畦面加盖的稻草、遮阳网、草帘要逐步撤除以增加床面光照和通风量，刺激原基形成。增加光照可提升地温，刺激和促进原基形成，原基分化时所需光照强度为600～1000勒克斯。

羊肚菌属好氧性真菌，原基形成阶段需新鲜空气，在通风不良的条件下原基形成困难，且易造成畸形。

原基形成初期菌丝在土层表面扭结，呈针尖状，细小，随后为乳白色、球形颗粒状，蚕豆大小，气温12℃～15℃，3～5天球形原基分化完成，此时要保持环境条件的相对稳定，不能直接浇水，以防原基死亡。

2. 子实体生长阶段管理

原基形成后10天左右，菌柄和菌盖开始明显分化，此时菌盖初见锥形略黑，可见轻微的凹陷分化，菌柄加粗，连接土壤基部膨大，此时土壤湿度控制在20%～25%，空气湿度在85%～95%，此时最低温度不能低于4℃，最高不能超过20℃，子实体发育阶段，对氧气有着较高的要求，当出现菌柄长度明显长于菌盖时，可能存在棚内二氧化碳太高，氧气不足，此时需要加强通风。原基发育后期小菇形成阶段，注意保持空气湿度为85%～95%，避免空气干燥。菇体表面明显干燥粗糙或菇体顶部有收缩，是空气湿度不足的表现。形成1.5～3厘米的小菇后（图15-4），保持空气湿度不变，降低土壤含水量至18%～25%。提高棚内温度，加快小菇的生长发育。从小菇发育至成菇后期生长迅速，保持低温8℃～20℃、空气湿度80%～90%的环境，增加土壤含水量至20%～25%，增加棚内空气流通速度，可促进羊肚菌的快速生长发育。正常管理下，原基分化到菇体成熟需要25～30天，温度低，菇颜色深，菇体厚实，单个菇重量重，温度高色浅，肉薄。子实体生长阶段光照控制在三分阳七分阴，保持通风良好，空气新鲜。

图15-4　羊肚菌小菇

3. 二潮菇出菇管理

一潮菇采收完毕后，清除掉棚内的死菇、病菇、菇脚，此时停止喷水，根据棚内土壤的湿度灵活掌握通风时间，土壤湿度低，少通风或不通风；土壤湿度高，掀开棚子，加大棚内空气流动，降低土壤湿度，时间维持在5～7天，具体时间要根据土壤湿度情况来定，随后闭棚，二潮菇的催蕾、出菇管理与第一潮相同。为提高二潮菇产量，可在一潮菇出完时补一次营养袋。

九、采收

待羊肚菌子实体长至早期菇8～15厘米，中期菇5～7厘米和尾期菇2.5～4.5厘米时，菌柄菌盖长度≥8～13厘米（图15-5），羊肚菌的子囊果不再增大，可进行采收。采收时间最好是在早上，采摘时，左手拿菇，右手拿刀，用小刀在子囊果菌柄近地面处沿地平面水平方向切割摘下。采收羊肚菌要轻拿轻放，最好是使用塑料筐或者竹篮装菇。采摘下来的新鲜羊肚菌如不能及时加工或出售要放在冰箱或冷库中冷藏保鲜，有条件的可使用保鲜袋包好冷藏，可以延长保质期。

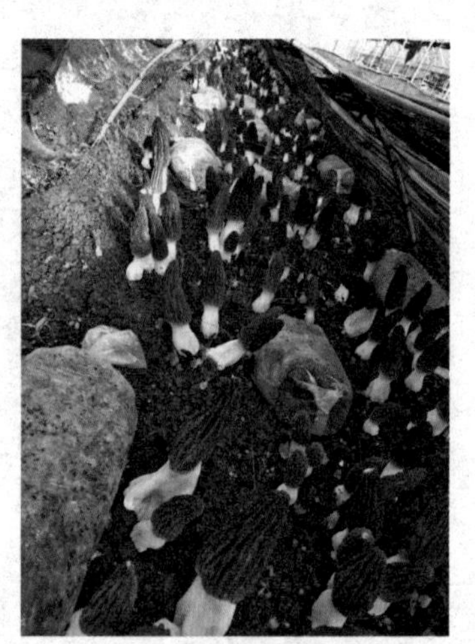

图15-5　成熟的羊肚菌

十、羊肚菌病虫害防治

羊肚菌栽培过程中，常遭到侵染性的霉菌和虫害侵害，以及非侵染性病害，具体防治方法与措施，请参阅“第八章食用菌常见病虫害及安全防治”相关内容。

参考文献

[1] 毕志树. 广东大型真菌志[M]. 广州：广东科技出版社，1994.

[2] 何培新. 名特新食用菌30种[M]. 北京：中国农业出版社，1999.

[3] 黄年来. 18种珍稀美味食用菌栽培[M]. 北京：中国农业出版社，1997.

[4] 黄年来. 中国食药用菌学[J]. 上海：上海科学技术文献出版社，2010.

[5] 臧穆. 西南地区大型经济真菌[M]. 北京：科学出版社，1994.

[6] 陈士瑜. 珍稀菇菌栽培与加工[M]. 北京：金盾出版社，2003.

[7] 罗信昌. 食用菌杂菌及防治[M]. 北京：中国农业出版社，1994.